湖北省学术著作出版专项资金资助项目
湖北省“8·20”工程重点出版项目
武汉历史建筑与城市研究系列丛书

Wuhan Modern Apartment & Entertainment & Medical Building

武汉近代公寓·娱乐·医疗建筑

（第2版）

徐宇甦　常 健　陈鹏学　编著

武汉理工大学出版社

图书在版编目（CIP）数据

武汉近代公寓 · 娱乐 · 医疗建筑／徐宇甦，常健，陈鹏学编著 .—2 版 .—武汉：武汉理工大学出版社，2018.3

ISBN 978-7-5629-5743-0

Ⅰ．①武… Ⅱ．①徐… ②常… ③陈… Ⅲ．①住宅－建筑史－武汉－近代②休闲娱乐－文化建筑－建筑史－武汉－近代③医院－建筑史－武汉－近代 Ⅳ．① TU24-092

中国版本图书馆 CIP 数据核字（2018）第 041207 号

项目负责人：杨学忠
总责任编辑：杨 涛
责 任 编 辑：杨 涛
责 任 校 对：夏冬琴
书 籍 设 计：杨 涛
出 版 发 行：武汉理工大学出版社
社　　址：武汉市洪山区珞狮路 122 号
邮　　编：430070
网　　址：http://www.wutp.com.cn
经　　销：各地新华书店
印　　刷：武汉精一佳 印刷有限公司
开　　本：880×1230 1/16
印　　张：8
字　　数：179 千字
版　　次：2018 年 3 月第 2 版
印　　次：2018 年 3 月第 1 次印刷
定　　价：288.00 元（精装本）

凡购本书，如有缺页、倒页、脱页等印装质量问题，请向出版社市场营销中心调换。
本社购书热线电话：027-87515778 87515848 87785758 87165708（传真）

序言（一）

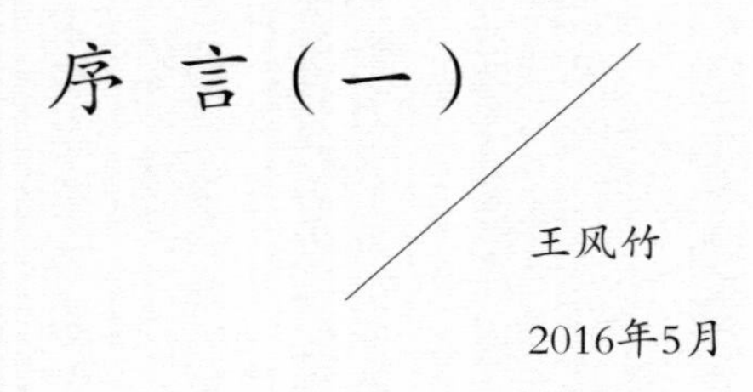

王风竹

2016年5月

城市是在人类社会发展中形成的。在一个城市形成与发展的进程中，它遗留有丰富的文物古迹，形成了各具特色
展脉络和文化特色的重要表征要素，其中近代建筑因其特殊的历史背景，在城市发展历程中被众多研究者所关注。一
有受到西方建筑文化的影响。鸦片战争以后，西方以武力强制打开了中国闭关锁国的大门，西方文化成为具有强势特
展变化。

武汉是一座有着3500年建城历史的城市，中国历史上许多影响历史进程的重大事件发生在这里。在武汉众多的城
近代最重要的对外通商口岸之一，英国、德国、俄国、法国、日本等国相继在汉口设立租界，美国、意大利、比利时
埠的持续繁荣，近代建筑在武汉逐渐蔓延开来，并逐渐成为武汉建筑乃至城市风貌的有机组成内容，其中包括宗教、
近代建筑，经历了北伐战争、抗日战争、解放战争的洗礼，经历了现代大规模城市开发的吞噬，消失者甚众，但目前
国重点文物保护单位20处（其中，汉口近代建筑群、武汉大学早期建筑皆包括多处独立建筑）、湖北省省级文物保护
中山大道历史文化街区，其中蕴含着大量近代建筑）（以上皆为2015年底的统计数据）。

武汉的近代建筑，是武汉重要的文化遗产，蕴含着丰富的历史文化信息，是近代武汉城市社会状况的重要物证，
旧址（湖北谘议局旧址）、辛亥首义发难处——工程营旧址、辛亥革命武昌起义纪念碑、辛亥首义烈士墓等，是辛亥
军事委员会旧址、八路军武汉办事处旧址、新四军军部旧址、国民政府第六战区受降堂旧址等，都是近代重要的历史
武汉大学早期建筑群，是近代中西合璧建筑典型的代表，也是武汉大学校园作为中国最美大学校园的重要景观组成
因而显得尤为珍贵。

从"武汉历史建筑与城市研究系列丛书"的写作计划及已完稿的书稿内容来看，该丛书主要针对武汉近代建筑
关阐述与分析深入而全面，可以作为展示与了解武汉近代建筑的重要读本。同时这套书还有一个作用，就是让更多的
晓，审慎地对待、探讨科学保护与更新的途径，让承载丰富城市历史信息的近代建筑得以保存下来、延续下去。最后

史街区，荟萃了不同历史时期的各类遗产，从而积淀了深厚的文化底蕴。在各类城市遗产中，历史建筑是体现城市发
言，中国近代建筑指近代形成的西式建筑或中西结合式建筑。鸦片战争以前，清政府采取闭关锁国政策，中国基本没
外来文化，不同形式的西式建筑陆续在中国出现，西方建筑文化开始对中国产生巨大影响，加快了中国近代建筑的发

史遗产中，近代建筑是其中丰富而独特的一部分。鸦片战争以后，中国开始了工业化，进入近代社会，汉口成为中国
麦、荷兰、墨西哥、瑞典等国也相继在汉口设立领事馆（署），西式建筑文化开始大量传入武汉。其后，随着汉口商
、办公、教育、医疗、住宅、旅馆、商业、娱乐、交通、体育、工业、市政、监狱、墓葬等众多的建筑类型。武汉的
仍然较大，仍然是中国近代建筑保有量最多的城市之一，许多重要建筑与代表性历史街区仍然保存完好，其中包括全
60余处、武汉市市级文物保护单位60余处、武汉市近代优秀历史建筑201处、第一批中国历史文化街区1处（江汉路及

汉作为中国历史文化名城的重要支撑。其中，部分建筑具有全国性的突出价值和影响力，如辛亥革命武昌起义军政府
的重要遗址或纪念地；中共中央农民运动讲习所旧址及毛泽东故居、中共八七会议会址 、中共五大会址、国民政府
；汉口近代建筑群，是武汉近代建筑的重要代表，是武汉城市特色的重要构成，也是中国较为独特的城市景观之一；
。上述这些近代建筑是武汉近代社会精神文化的物质载体，从一个侧面体现了中国近代社会中一座城市的变迁过程，

要建筑类型，史料价值很高，所选案例比较具有代表性，技术图纸、现状照片能够反映武汉历史建筑的基本特征，相
学者深入研究，进而间接提醒城市的管理者深入思考，将这些近代建筑与其共处的历史街区及环境纳入整体保护的范
望该丛书以更为完美的结果，早日、全面地呈现给社会。

序 言（二）

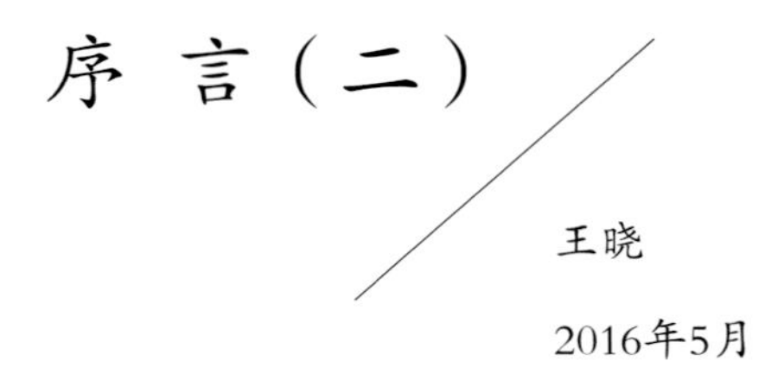

王晓

2016年5月

中国近代建筑，广义地指中国近代建设的所有建筑，狭义地指中国近代建设的、源于西方或受西方影响较大的
中国传统建筑体系的延续，二是西方建筑体系（主要包括西方传统建筑体系的延续及西方早期现代建筑体系，其中部
1~2层为主，所以在经历了近代多次战争及大多城市的现代野蛮再开发之后，在城市中已所剩无几。而属于西方近代建
之间，西方式样的近代建筑，在中国长期被视为殖民主义的象征，特别是租界建筑，大多被视为耻辱的印记，人们的
类建筑的历史文化、科学技术与艺术价值也逐步得到社会的广泛重视，保护力度日益加强。

在当代中国城市中，近代建筑保有量与原租界面积大小密切相关。在近代中国，上海、天津、武汉、厦门、广州
相关，并据初步调查，中国目前存有近代建筑最多的城市，当属上海、天津、武汉。

1861年汉口开埠以后，英国、德国、俄国、法国、日本等国相继在汉口开辟租界，美国、意大利、比利时、丹麦
武汉快速发展。民国末期，近代建筑已经成为武汉城市风貌特色的重要组成部分。目前，武汉的近代建筑保有量及丰
布在汉口沿江历史风貌区内；以武昌次多，主要分布在武昌昙华林历史街区及武汉大学校园内；其余零星分布于武汉
几乎涵盖了西方古代至近代的主要建筑风格，且不止于此，主要包括西方古典风格、巴洛克风格、折衷主义风格、西
期建筑群、湖北省图书馆旧址、翟雅阁健身所等，具有显著的中西合璧特点；如古德寺，完美地糅合了中西方与南亚

武汉近代建筑，还包括大批各级文物保护单位及武汉优秀历史建筑，充分说明了武汉近代建筑具有独特的价值；
市研究系列丛书”选择了其中最能反映武汉近代建筑特点的教育建筑、金融建筑、市政·公共服务建筑、领事馆建筑
等类型，以简明的文字、翔实的图纸与图片，展示了其中的典型案例。虽然其中仍然存在一些瑕疵，但作为相关建筑
点。

近20年来，武汉理工大学不断对武汉近代建筑进行测绘及研究，形成了大量相关成果，因此，此丛书不仅凝聚着
和房屋管理局及武汉市城乡建设委员会等政府部门的相关领导一直敦促与支持武汉理工大学深入进行武汉近代建筑的

。一般情况下，多指后者。广义的中国近代建筑，可称为“中国近代的建筑”。这些建筑，主要属于两大体系：一是
筑糅合了中国传统建筑的某些特征）。属于中国传统建筑体系的近代建筑，由于采用了相对较易受损的木结构，且以
系的中国近代建筑，由于结构相对不易受损，所以虽然损毁较多，但在部分城市中仍有较多遗存。约在1950—1990年
意愿淡薄，甚至不愿意保护；约在2000年以后，随着历史建筑大量、快速的消失，以及国人文化视野的逐渐开阔，此

江、九江、杭州、苏州、重庆等城市曾设有不同国家的租界，其中依次以上海、天津、武汉、厦门的面积为大。与其

兰、墨西哥、瑞典等国在汉口设立领事馆，外国许多银行、商行、公司、工厂、教会也逐渐在武汉落户，近代建筑在
，在全国仍然位于三甲之列，仍然是武汉城市风貌特色的重要组成部分。武汉现存的近代建筑，以汉口最多，主要分
。上述建筑，包括办公、金融、教育、医疗、宗教、居住、商业、娱乐、工业、仓储、体育等诸多类型。上述建筑，
期现代建筑风格、中西糅合风格等等，可谓琳琅满目、丰富多彩。其中，许多建筑具有较强的独特性，如武汉大学早
风格，即使在世界范围内也属较为独特的。
，还包括一些暂时没被纳入文物保护单位或武汉优秀历史建筑目录的，也具有珍贵的保护价值。“武汉历史建筑与城
馆·别墅·故居建筑、洋行·公司建筑、近代里分建筑、宗教建筑、公寓·娱乐·医疗建筑、饭店·宾馆·交通建筑
与设计的参考，作为建筑爱好者的知识图本，仍然具有较为全面、较为丰富、技术性与通俗性结合、可读性较强的特

者的心血，也凝聚着武汉理工大学相关师生的多年积累。近些年来，湖北省文物局、武汉市文化局、武汉市住房保障
，社会各界对武汉近代建筑的关注也不断升温，因此，此丛书的出版也是对上述支持与关注的一种回应。

前 言

编著者

2016年12月

武汉由于地理位置独特，在中国内地城市中开埠较早，近代建筑获得了长足发展。东西方思想与文化的交融，逐
日常性建筑的发展，并对其艺术价值、建筑技术、风格特征以及建筑细部加以总结与思考，希望借此对历史建筑的保

本书着重探寻以下三个议题：

（1）以“历史信息的真实性”为要义，采用实地勘测与档案查阅相结合的方式，为武汉近代公寓·娱乐·医疗建

研究人员广泛采集素材，反复分析、分类、汇总，精心构思编排的方式，并以不同的建筑类别，收录资料保存相
华商赛马公会、西商赛马俱乐部、仁济医院、高氏医院。图纸绘制均以实地测绘为主，辅以历史考证与档案查阅，力
三个部分：

①技术图纸部分。以实测线图为主，具体包括总平面、建筑平面、立面、剖面、门窗大样、细部大样以及方案设

②实景照片与建筑信息模型（Sketch Up模型）部分。照片部分与线图、细部大样相对应，力求更加全面、真实与

③文字描述部分。介绍和梳理武汉近代公寓·娱乐·医疗建筑的历史沿革与建筑特征。

（2）挖掘武汉近代公寓·娱乐·医疗建筑的特征与脉络的同时，寻求在“一带一路”战略中推广武汉地域文化的

通过文字、实测线图、实景照片、分析图相结合的表现形式，图文并茂地展现武汉近代公寓·娱乐·医疗建筑的

首先，在武汉市民中推介武汉近代公寓·娱乐·医疗建筑，加强公众参与，提升市民历史文化修养，同时也将文

其次，通过线描图纸加上照片、建筑信息模型这样直观的手段，为今后模拟展示武汉近代公寓·娱乐·医疗建筑
文化与名城风采。

（3）通过分析图则的方式，对武汉近代公寓·娱乐·医疗建筑进行系统分析与归纳、整理。

本书主要采用分析图则的方式，结合专业特点和相应资料，对既有技术图纸进行图则分析。此做法的优点在于清

击并促进了武汉近代本土建筑的发展，使其在当今成了这个城市的一道靓丽的风景线。本书主要介绍武汉在开埠之后
供新的思路与启示。

立详细测绘图纸与文字档案。
整的9个建筑实物案例，具体包括：巴公房子、珞珈山街高级住宅、怡和洋行住宅、泰安纱厂职工住宅、汉口新市场、
汉近代公寓·娱乐·医疗建筑信息的真实性、完整性与代表性。所建立起的武汉近代公寓·娱乐·医疗建筑档案包括

度等。
地解析建筑；建构建筑信息模型，凭借相关软件建模，对建筑外部与内部实现全景式的动态观察。

，在市民中普及推广武汉优秀历史建筑文化。
与特色。这样做的目的如下：
汉的概念推向全国，进而走向世界；
平台与基础（毕竟时过境迁，许多建筑市民已经无法亲眼见到），同时凭借互联网的优势，无界域性地传播武汉优秀

确与系统全面，同时对现今建筑设计具有较强的参照性和借鉴性。

分析图则的构成和思路具体如下：

①基于建筑平面图的分析图则，主要包括：建筑街道关系、建筑结构分析、轴线分析、建筑功能分析、建筑灰空

②基于建筑立面图的分析图则，主要包括：建筑体量分析、构图分析、设计手法元素分析等；

③基于建筑剖面图的分析图则，主要包括：自然采光与通风、构造与结构分析等；

④基于门窗建筑大样与节点构造的分析图则，主要包括：细节处理分析、构图比例分析等。

本书力求图文并茂地展现武汉近代公寓·娱乐·医疗建筑的风采与特色，并力求在照片、图形处理上做到结构

藏价值并重。

当然，由于全书涉及的内容年代跨度较大，资料搜集整理颇为艰辛，故书籍编写难免遗漏疏忽，不足之处恳请专

湖北省文物局、武汉市文化局与武汉市房地产管理局等单位对本书编著过程高度重视，并在具体测绘过程中给予能及地提供后勤保障与支持，没有上述单位和领导的支持，本书的编著工作实难完成，在此一并表示感谢。

析等；

、构图新颖、表达准确、艺术性与通俗性并重，在文字部分则力求简明扼要、可读性强，实现学术科研价值与鉴赏收

评指正。

力协助与支持。此外，武汉理工大学土木工程与建筑学院的各级领导与行政部门也极为支持本书的编著工作，并力所

目录

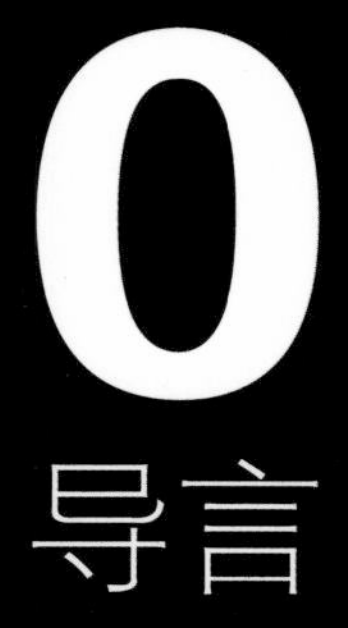
0
导言

导言 武汉近代公寓·娱乐·医疗建筑

1861年汉口开埠，武汉近代建筑的序幕悄然拉开。汉口开埠之后，大批外商涌入，随后，殖民者在租界区陆续建造为租界服务的各类建筑，如洋行、银行、领事馆、教堂、饭店、俱乐部、公寓、医院、学校等建筑。本书主要关注武汉近代公寓建筑、娱乐建筑与医疗建筑，之所以将这三者放在一本书中进行论述，其着眼点在于这三种类型的建筑所履行的社会职能均是与市民日常生活息息相关，且都是以服务于社会民众为目的，如公众住宿、消遣和医疗保障，也就是我们通常所说的日常性建筑。

第一节 武汉近代公寓·娱乐·医疗建筑发展历程

自汉口开埠以来，随着外商的大量涌入，近代武汉社会的经济水平也逐渐提高，经济水平的提高促进了建筑技术的发展。近代武汉的建筑活动日益增多，各国殖民者大兴土木，建造了许多在当时看来体量巨大、造型新颖的新建筑，公寓、娱乐和医疗建筑也在此列，以下按照次序分别论述。

一、公寓建筑

公寓建筑属于居住建筑，近代武汉的居住建筑包括别墅、公馆、公寓和里分住宅等建筑类型，其中别墅、公馆与里分住宅在本丛书中有专题介绍和论述，本书的重点放在公寓建筑（即平面多为单元式布局的多层公寓建筑）上。

在近代武汉，公寓建筑得以发展的主要原因是已有住宅形式已不能适应社会发展的需要。在汉口开埠之前，沿长江、汉水（旧称襄河、小河）一带的居住建筑，为抵御洪水和内涝，在建筑形式上以吊脚楼类型的木构建筑居多。在外国殖民者利用水路进入汉口之后，原有居住建筑在质量、形式与功能上已不能满足各阶层的需要，同时也背离了时代发展的潮流，这些为武汉近代公寓建筑提供了一定的发展空间。

随着汉口商贸地位的逐步提升，大批外商在此修建码头，频繁的贸易往来刺激了经济的发展，越来越多的外国人来到汉口做生意。巴诺夫兄弟（J.K.巴诺夫和齐诺·巴诺夫）是在汉口开埠不久就来到汉口做茶叶生意的两个俄国人。说到巴诺夫兄弟，就不得不提到近代武汉公寓建筑的典型代表——巴公房子。巴公房子是汉口最早出现的公寓建筑之一，它于1901年始建，1910年建成，为巴诺夫兄弟共同建造。它采用平面单元式的布局，各单元分户明确，功能合理，布局紧凑。此后，出现了许多单元式的多层公寓。武汉近代公寓建筑概况详见表0-1。

表0-1　武汉近代公寓建筑概况

建筑名称	建造年份	地址	平面布局	示意图
巴公房子	1910	江岸区鄱阳街86号	单元式布局	
珞珈山街高级住宅	1919	江岸区珞珈山街1-46号	单元式布局	
怡和洋行住宅	1919	江岸区胜利街187-191号	“一字形”布局	
泰安纱厂职工住宅	1924	硚口区水厂二路47-49号（已拆除）	单元式布局	

二、娱乐建筑

娱乐建筑是指为民众提供休闲娱乐场所的建筑。随着外商进入汉口，更多新的娱乐方式在民众之间流传开来，民众的生活方式和娱乐方式发生了巨大改变，人们不局限于旧的娱乐方式，如戏曲等传统文化活动，而开始接受电影、舞蹈表演和乐曲演奏等西方娱乐活动，与此同时，为这些娱乐活动提供相应活动场所的娱乐建筑便顺势得到发展。

娱乐建筑的兴盛反映了民众的需要。西方文化在带来新的娱乐方式的同时，也把先进的建筑技术和设备带到了武汉。武汉近代娱乐建筑的类型有：跑马场、俱乐部、影剧院、大舞台、综合游乐场等。为了满足表演方面的需求，娱乐建筑在建筑技术上，如灯光、声学、防火等方面有了很大进步。如放映机这样的高级设备也从海外进入了武汉。本书选取汉口新市场、华商赛马公会和西商赛马俱乐部这三个具有代表性且保存完好的案例来展现武汉近代娱乐建筑的风采。武汉近代娱乐建筑概况详见表0–2。

表0–2　武汉近代娱乐建筑概况

建筑名称	建造年份	地址	平面布局	示意图
汉口新市场	1919	江汉区中山大道704附1号附近	广厅式组合方式，通过大厅延伸出走廊，在走廊单侧布置房间	
华商赛马公会	1919	江岸区汇通路18号	“十字形”内廊	
西商赛马俱乐部	1905	江岸区解放大道1809号	广厅式组合方式，通过大厅延伸出走廊，在走廊双侧布置房间	

三、医疗建筑

武汉近代医疗建筑的发展与西方宗教的传播密切相关，在西方列强用枪炮打开中国的大门之前，西方传教士就悄悄进入内地传教，为了掩人耳目而开办医院诊所，于是武汉近代医疗建筑类型中的教会医院开始渐渐出现。教会医院在成立的初期主要是为其宗教传播服务的，但是，伴随着中国国内民族主义的思想浪潮逐渐高涨，教会医院的宗教色彩逐渐淡化，教会医院与当时中国社会产生了紧密的联系。教会医院虽然在早期是作为一种文化侵略的武器进入中国，但是从另一个方面来讲，教会医院的发展也给中国带来了先进的西方医学技术，为我国医疗事业的发展带来了积极的影响。同时，医疗事业的发展也促进了武汉近代医疗建筑的建设。伴随着教会医院的出现，其他几种类型的医院也逐步出现，如外国医院、官办医院、私人医院等医疗机构。武汉近代医疗建筑概况详见表0–3。

表0-3　武汉近代医疗建筑概况

建筑名称	建造年份	地址	平面布局	示意图
仁济医院	1895	武昌区胭脂路花园山4号	“回字形”内廊	
高氏医院	1936	江岸区黎黄陂路38号	单元式布局	

第二节　武汉近代公寓·娱乐·医疗建筑特征

一、建筑风格

由于汉口开埠，大量的外商进入武汉，他们带来的西方文化与中国传统文化相互碰撞、相互融合，所以武汉近代公寓·娱乐·医疗建筑在建筑风格上呈现多样性。在建筑风格上主要划分为两种类型，第一种是古典主义风格，第二种是以折衷主义为基调的多元化建筑风格。

（一）古典主义风格

17世纪中叶，法国文化中普遍形成了古典主义潮流。在文学上，其要求明晰性、精确性和逻辑性。在建筑上，古典主义思想与16世纪下半叶意大利追求柱式的严谨和纯正的学院派一拍即合，从而形成了一种新的建筑风格。古典主义风格强调构图中的主从关系，突出轴线。在创作上，建筑设计者常常用中央大厅统率内部空间，用穹顶来统率外部形体，使之成为全局的中心。

图0–1　汉口新市场

图0–2　华商赛马公会(图注：华商赛马公会属于古典主义向现代派过渡的阶段性建筑。)

图0–3　珞珈山街高级住宅

在武汉近代公寓·娱乐·医疗建筑中有不少古典主义风格的建筑，例如：巴公房子、汉口新市场（图0–1）、华商赛马公会（图0–2）。

（二）以折衷主义为基调的多元化建筑风格

随着社会的不断发展，人们接触到各式各样的建筑风格，同时，也需要有丰富多样的建筑形式来满足不同的要求。折衷主义在哲学上的解释是一种没有自己独立的见解和固定的立场，只把各种不同的思潮、理论，无原则地、机械地拼凑在一起的思维方式，是形而上学思维方式的表现形式。在建筑上，折衷主义建筑设计者们可以任意模仿历史上各类建筑风格，或是任意组合各种建筑形式，他们没有固定的立场或原则，只追求比例均衡和形式美。在武汉近代公寓·娱乐·医疗建筑中也有不少折衷主义风格的建筑，例如：珞珈山街高级住宅（图0–3）、怡和洋行住宅、仁济医院等。

珞珈山街高级住宅为1912—1927年由英商怡和洋行投资，石格斯设计，汉协盛营造厂兴建。它位于江岸区中山大道东侧，兰陵路与黄陂路之间，西南至东北走向。珞珈山街住宅区属于民国早期高级里弄住宅区，房屋主体为西式建筑风格，保存较好，具有一定的历史和文化价值。

二、建筑细部

建筑细部是建筑整体的基本元素，建筑细部设计直接影响到建筑整体的视觉感受。因此在一件成熟的建筑作品中，建筑细部语汇是优秀建筑氛围形成过程中不可缺少的组成部分。

（一）立面形式

一座建筑物是否美观，很大程度上取决于立面上的艺术处理，不同的建筑在其所处的环境和建造背景下会呈现出各种不同的形式。例如古典主义风格的建筑，在外立面上具有复杂的柱式、华丽的细部雕刻等。而在折衷主义思想影响下的建筑的外立面往往呈现出不同时期不同风格的建筑特征。武汉近代公寓·娱乐·医疗建筑外立面概览详见表0–4。

表0–4　武汉近代公寓·娱乐·医疗建筑外立面概览

建筑名称	巴公房子	珞珈山街高级住宅	怡和洋行住宅	汉口新市场
照片				
建筑名称	华商赛马公会	西商赛马俱乐部	仁济医院	高氏医院
照片				

（二）门窗与构件

建筑入口在建筑中一直扮演着重要的角色，一般都加以强调。以武汉近代公寓·娱乐·医疗建筑为例，其强调的方式有两种，一种是中断外立面连续的装饰线条，在形态上、方向上与之对比，从而达到强调的效果；另一种是采用内凹处理，并在入口处建有装饰精美的护栏形成一种序列加以强调。

窗户与细部构件同样是建筑的重要组成部分。武汉近代公寓·娱乐·医疗建筑的窗户的造型形式繁多，在满足其功能的同时，在建筑立面装饰上也有着重要作用，武汉近代公寓·娱乐·医疗建筑门窗与构件细节示例详见表0–5。

表0–5　武汉近代公寓·娱乐·医疗建筑门窗与构件细节示例

建筑名称	巴公房子	汉口新市场	华商赛马公会	仁济医院	高氏医院	珞珈山街高级住宅
门						
窗						
构件细节		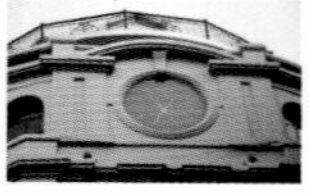				

01
第一章

第一章 巴公房子

在汉口洞庭街和鄱阳街有这样一栋建筑，它就像乘风破浪的舰船，静静地矗立在这片老居民区中。红色的高大楼房让许多人对它产生兴趣，这栋建筑就是巴公房子。它的主人是汉口开埠后俄国在内地最大的茶商巴诺夫兄弟。曾经显赫一时的巴公房子，早已岁月斑驳，满目沧桑了。但是，逝去的时光无法抹消凝固于建筑中的一段历史。

第一节 历史沿革

巴公房子历史沿革

时 间	事 件
1901年	巴诺夫兄弟在汉口俄租界买了一大块地皮，巴公房子始建
1910年	巴公房子建成，委托比商义品公司经租，供在汉外国侨民居住
1912年	巴诺夫兄弟将这栋楼房卖给了广东银行，净赚白银30000两
1925年	汉口地方当局第二特别区正式收回巴公房子（新中国成立后收归国有）
1993年	巴公房子被武汉市政府评为武汉市优秀历史建筑

第二节 建筑概览

巴公房子原来的主人是巴诺夫（中文又译作巴提耶夫）兄弟。他们是在汉口开埠不久就来到汉口做茶叶生意的两个俄国人。巴公房子于1901年始建，于1910年建成。巴公房子是一栋四层建筑，地下一层，地上三层，属于近代古典复兴式建筑。“V”字形平面，与相邻拔地而起的建筑合围成锐角三角形，转角呈弧形，设有主入口；底层部分为店面，其余为单元式住宅。其总建筑面积近5000m^2，房间共计220间套，整个公寓用红砖砌成，为砖木结构，廊檐、露台、曲栏、拱券和立柱各显精致，由景明洋行设计，永茂昌、广大昌营造厂建造。公寓大楼分两期修建，靠兰陵路一边的先完成，因其建筑面积较大，便被称为“大巴公”；靠黎黄陂路这边的后建，被称为“小巴公”。大小巴公合二为一，是汉口最早的多层豪华公寓大楼。同时，它对我国近代建筑有较深远的影响。

巴公房子从建筑上讲有三大特点。第一个特点是从城市景观方面来看，巴公房子正好处于汉口开埠以后俄租界的锐角形的道路上，这个地形特点增强了它的透视感。第二个特点是它的平面布局，巴公房子的布局十分平稳，沿街的四周建了两栋房子，两栋房子之间围合成内院。第三个特点是它的外观，它具有欧洲古典主义风格的同时又具有浪漫主义风格。特别是它的细部，比如说砖雕、女儿墙、窗间墙、圆形的拱形窗，最重要的就是它处在锐角形道路上，尖角的地方有一个屋顶的阁楼，这个阁楼像一顶僧人的帽子扣在房子上，使巴公房子更加妙趣横生。

巴公房子照片详见图1–1至图1–7。

图1–1　透视实景图

图1–2　沿兰陵路立面实景图

图1–3　沿洞庭街立面实景图

图1-4　沿鄱阳街立面实景图

图1-5　立面细部

图1-6　阳台

图1-7　大门

◆ 图1-8：设计者充分利用三角形地形，因地制宜，予以规划与设计。

第三节　技术图则

依据建筑实测图纸，部分辅以三维建模，用技术图则方式解析巴公房子建筑的环境布局、平面布置、功能流线、围护结构、采光及通风等规划建筑诸元素。巴公房子技术图则详见图1-8至图1-17。

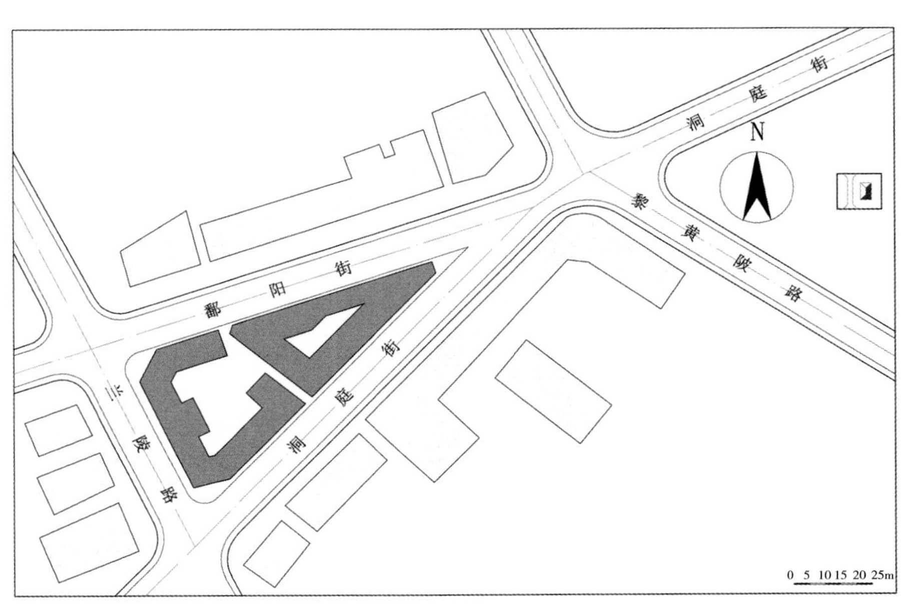

图1-8　总平面图

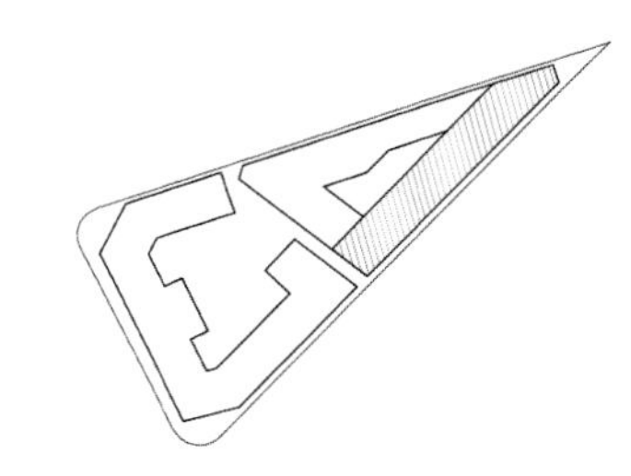

图1-9　沿洞庭街立面图（1）

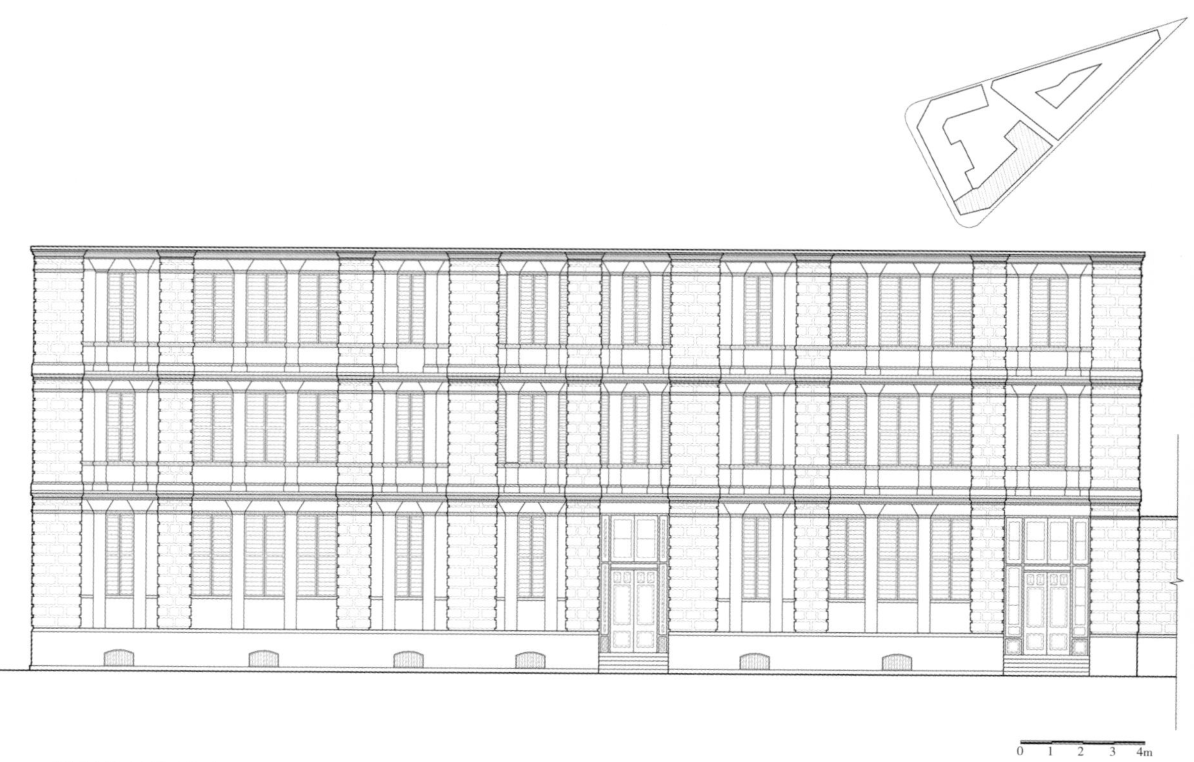

图1-10　沿洞庭街立面图（2）

图1-11　沿鄱阳街立面图（1）

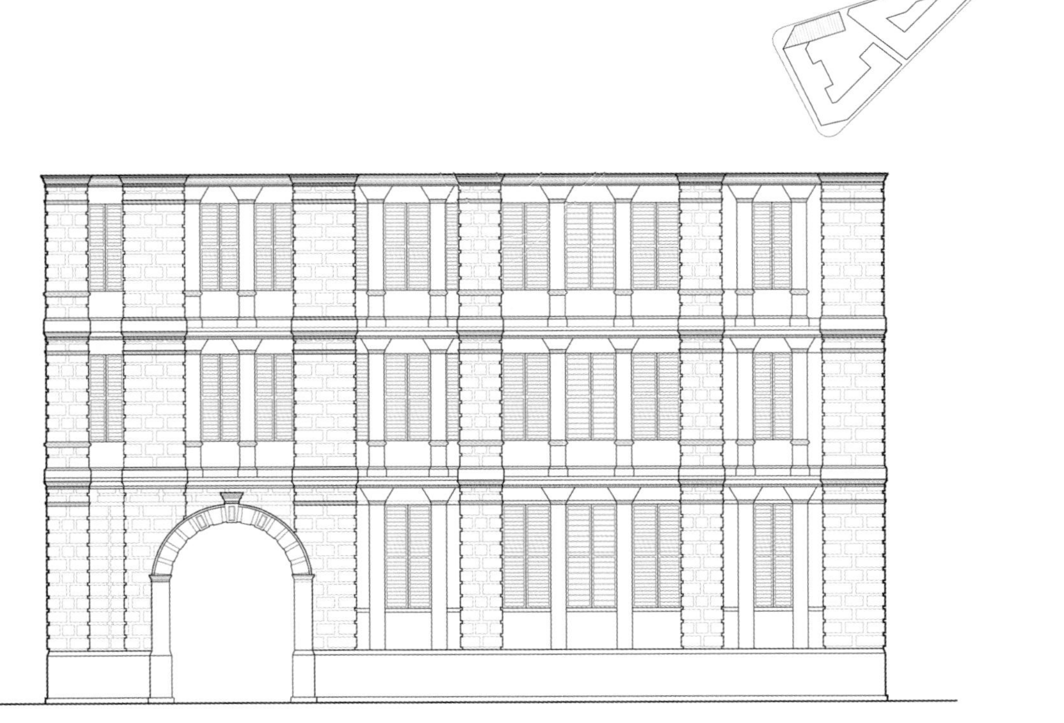

0　1　2　3　4m

图1-12　沿鄱阳街立面图（2）

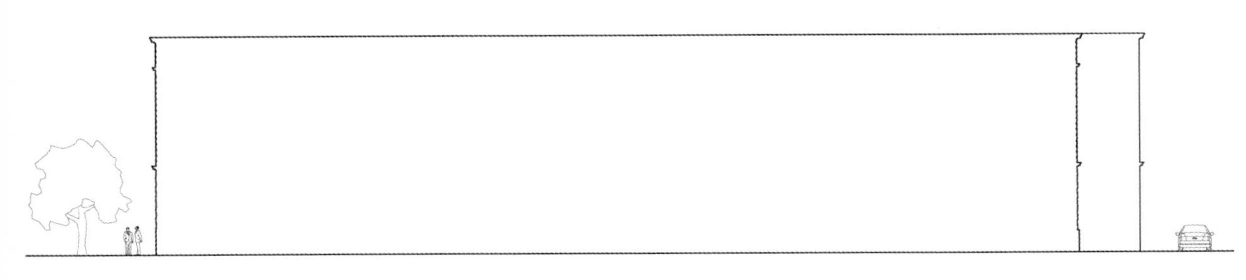

图1-13　体量关系

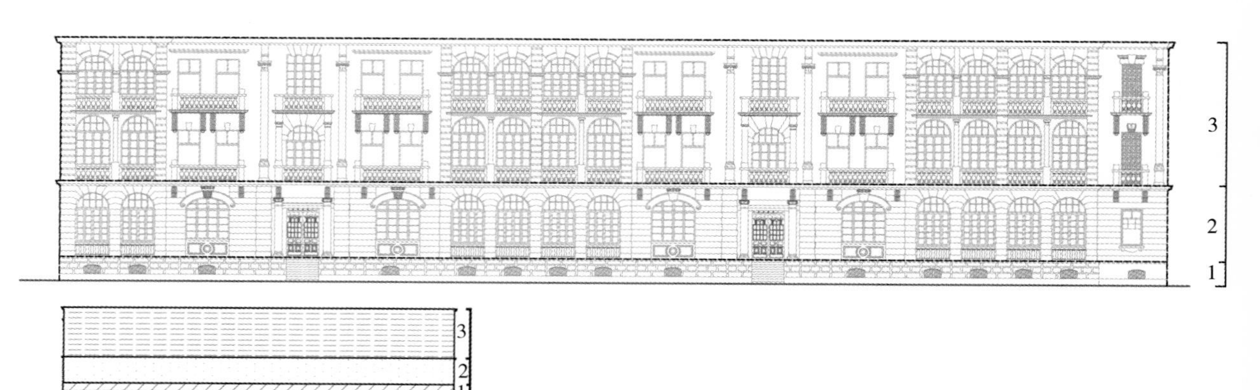

图1-14　纵向三段式构图

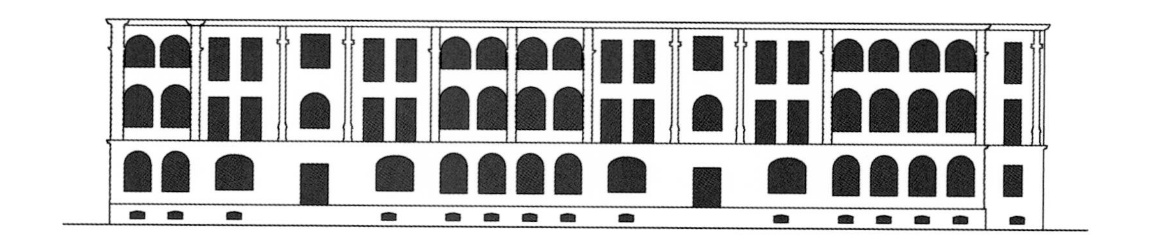

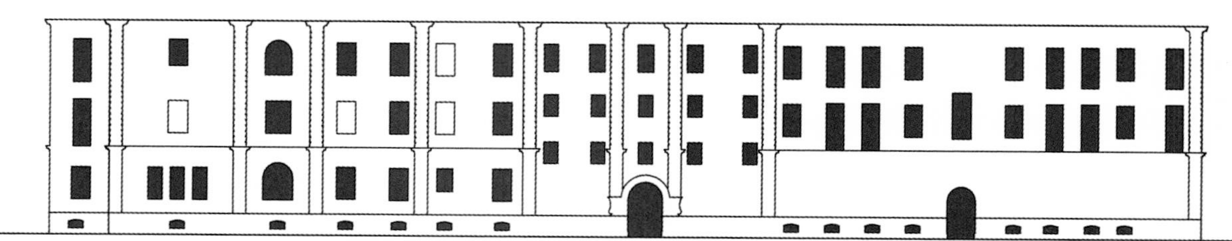

图1-15　立面凹凸

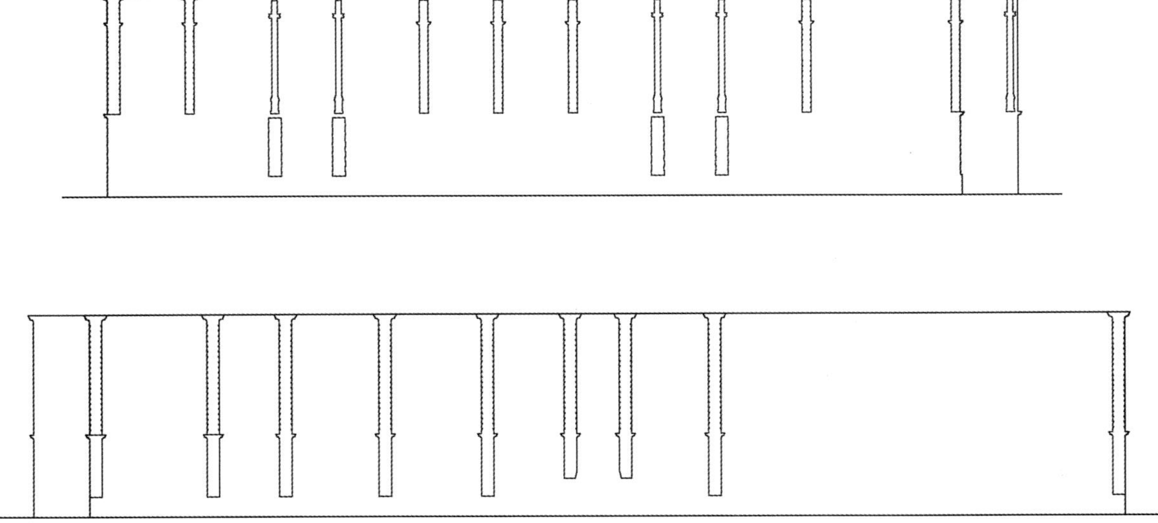

图1-16　韵律

图1–17　重复与变化

02
第二章

第二章 珞珈山街高级住宅

珞珈山街高级住宅东临沿江大道，南起合作路，西至胜利街，北达黎黄陂路，为1912—1927年由英商怡和洋行投资，石格斯设计，汉协盛营造厂兴建。其占地面积约为8500m²，建筑面积约为11000m²，其中历史建筑面积约为5490m²。珞珈山街是武汉市近代历史建筑和传统居住区风貌保存最为集中的地区之一。

第一节 历史沿革

珞珈山街高级住宅历史沿革

时 间	事 件
1912—1927年	珞珈山街高级住宅由英商怡和洋行投资建成
1927年	“七·一五”反革命政变以后，中国共产党各级组织及活动全部转入秘密状态。中共湖北省委由原来汉口尚德里秘密转移到这里，中共湖北省委书记罗亦农也住在这里。同年9月下旬，中共中央机关迁往上海，在武汉建立中共中央长江局，在此设立办事处。同年11月，长江局撤销
1983年	江岸区人民政府拨出专款，加以修复
1984年4月	珞珈山街高级住宅修复后对外开放
1993年	珞珈山街高级住宅被评为武汉市优秀历史建筑
2011年	珞珈山街高级住宅被公布为武汉市文物保护单位

第二节 建筑概览

清末汉口辟租界之初，珞珈山街位于俄租界之内，起初这里为球场，民国初年开始建房屋并开辟道路，道路中间设有一处花园，园内有石碑刻“洛加”二字（洛加为俄国人，地产业主，碑石于1967年损毁），故得名洛加碑路，之后才演变为珞珈山街。

该里弄长140m，宽10m，路边种植法国梧桐，街道幽静。当时这条街两侧均为二至三层的砖石结构西式楼房，一共27栋，首尾相连，呈一个不等边三角形的框架。这些楼房为清水红砖外墙，红瓦坡顶，平面及立面墙身不规则，窗户大小不一，上下错落，随处可见大拱券门廊，略带西班牙艺术风格。其中的一些三层住宅内部功能完善，侧面有露天台阶通往二层，二层为门厅、客厅、餐厅，三层为书房、卧房等，室内设备齐全，还建有烤火壁炉。其中的12号楼房，1927年为中共中央长江局机关驻地，长江局书记罗亦农曾居

图2-1　沿街透视实景图

于此。原有街心小花园，20世纪50年代尚存，古树叶茂，幽静宜人。

整个住宅区由英商怡和洋行投资，汉协盛营造厂修建，结构较好，占地5490m^2。这片高级公寓之后因为缺乏管理，一度荒芜，曾被用作菜场的临时贮存处。直到1983年江岸区人民政府拨出专款，加以修复，1984年4月对外开放，才有了现在的名字。

珞珈山街高级住宅照片详见图2-1至图2-7。

图2-2　局部透视实景图

图2-3　沿街立面实景图

图2-4　楼梯

图2-5　窗户（1）

图2-6　窗户（2）

图2-7　细部

◆ 图2-8：珞珈山街高级住宅现在共有三栋，采用平面单元式布局，功能合理。

第三节 技术图则

依据建筑实测图纸，部分辅以三维建模，用技术图则方式解析珞珈山街高级住宅的环境布局、平面布置、功能流线、围护结构、采光及通风等规划建筑诸元素。珞珈山街高级住宅技术图则详见图2-8至图2-32。

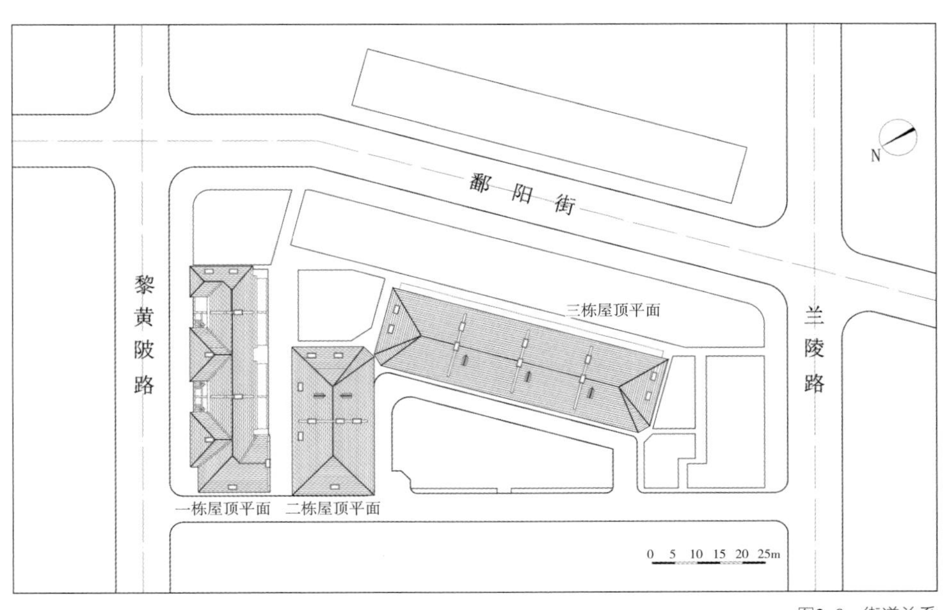

图2-8 街道关系

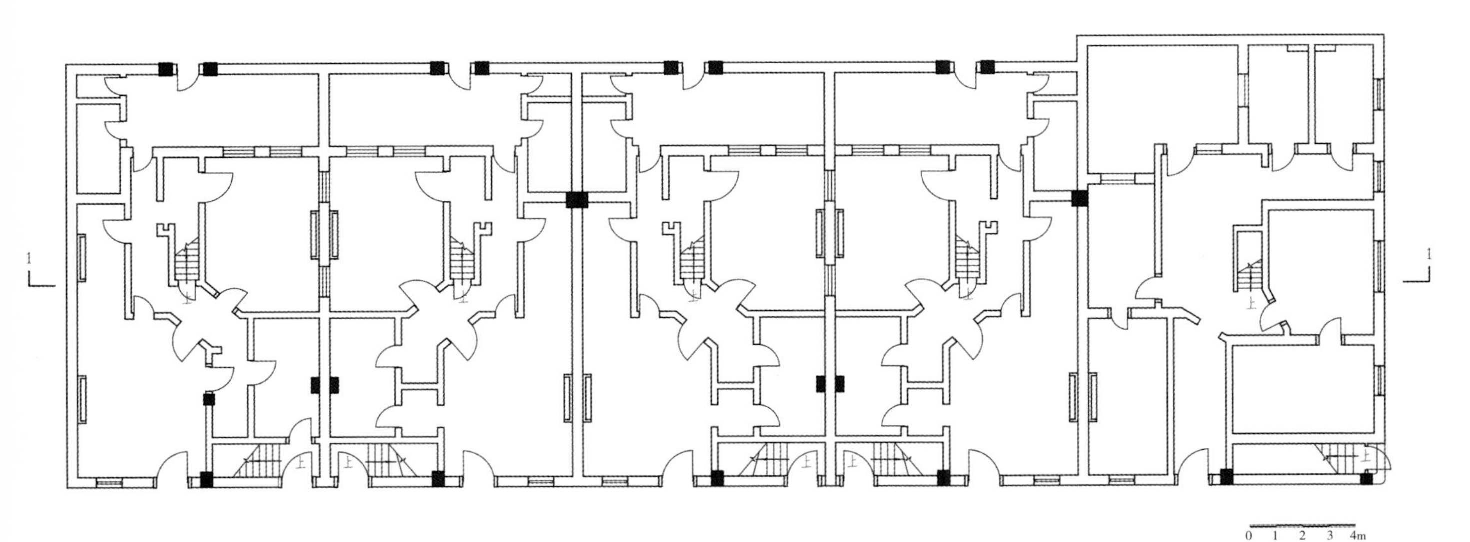

图2-9 一栋一层平面图

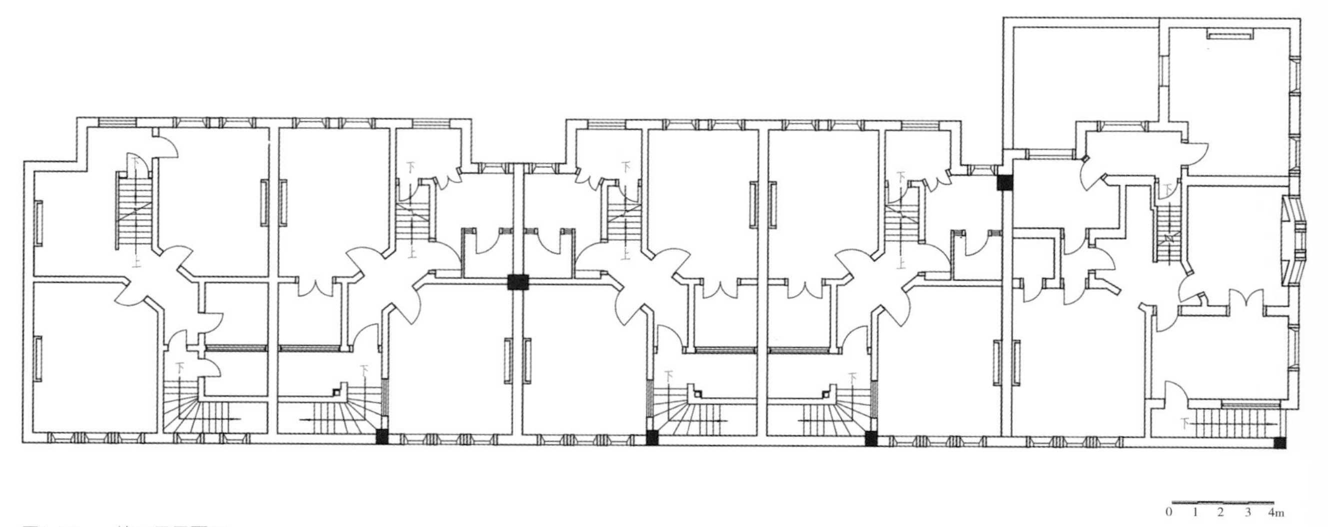

图2-10　一栋二层平面图

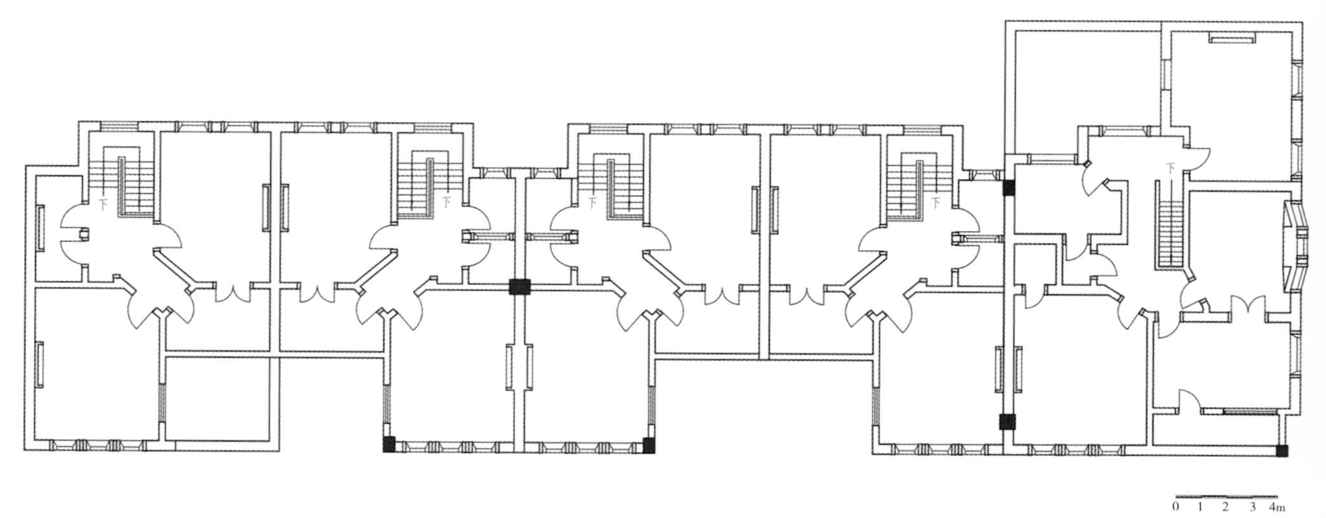

图2-11　一栋三层平面图

◆　图2-12：珞珈山街高级住宅立面造型丰富，通过房间的凹凸错落，再加上精美的立面造型，营造出丰富的空间感受。

图2-12　一栋正立面图

图2-13　一栋侧立面图

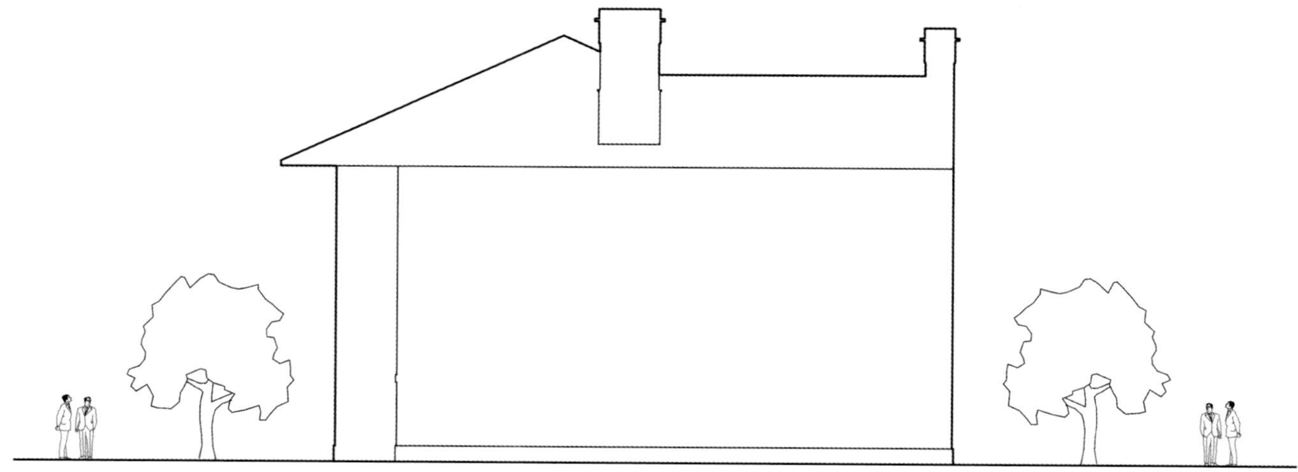

图2-14　体量关系

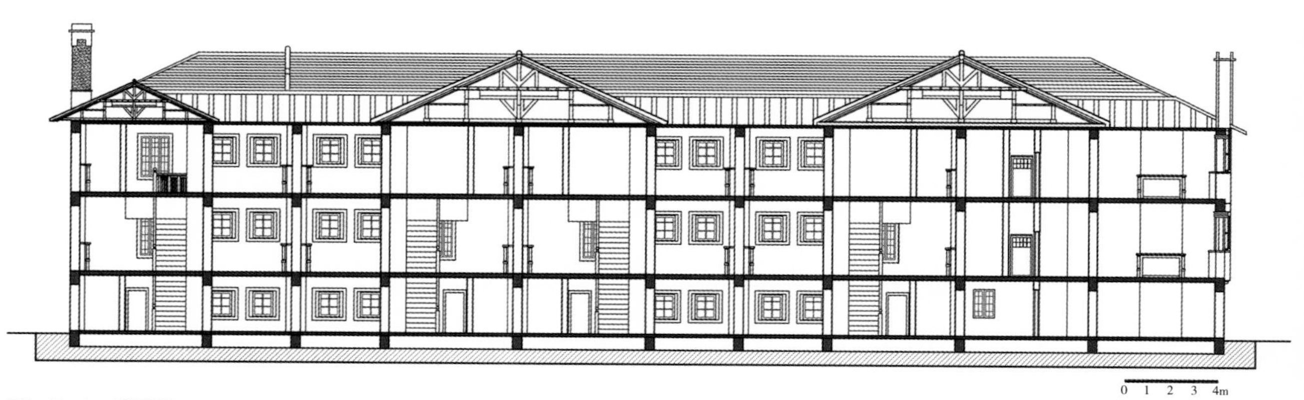

图2-15　1—1剖面图

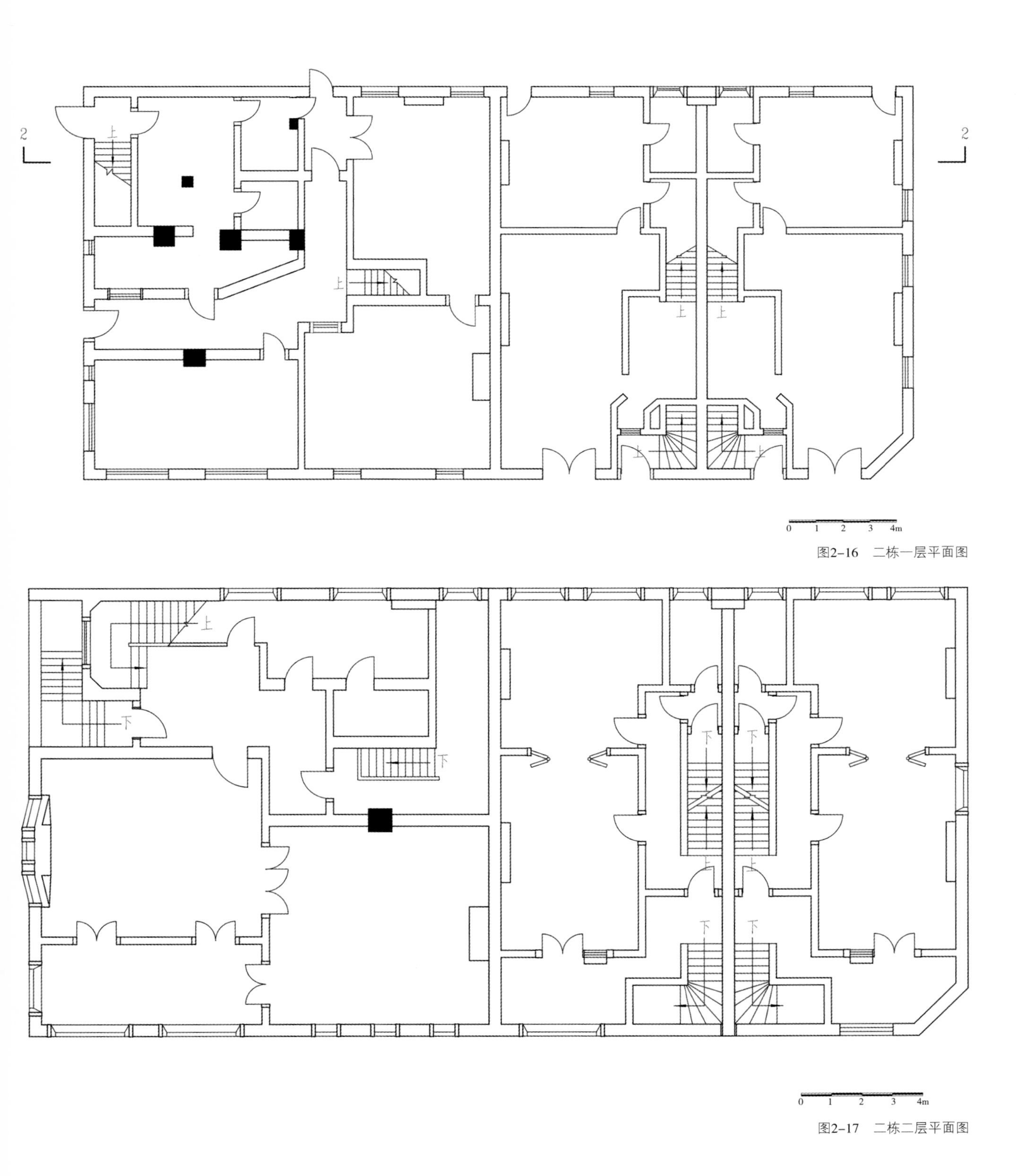

图2-16　二栋一层平面图

图2-17　二栋二层平面图

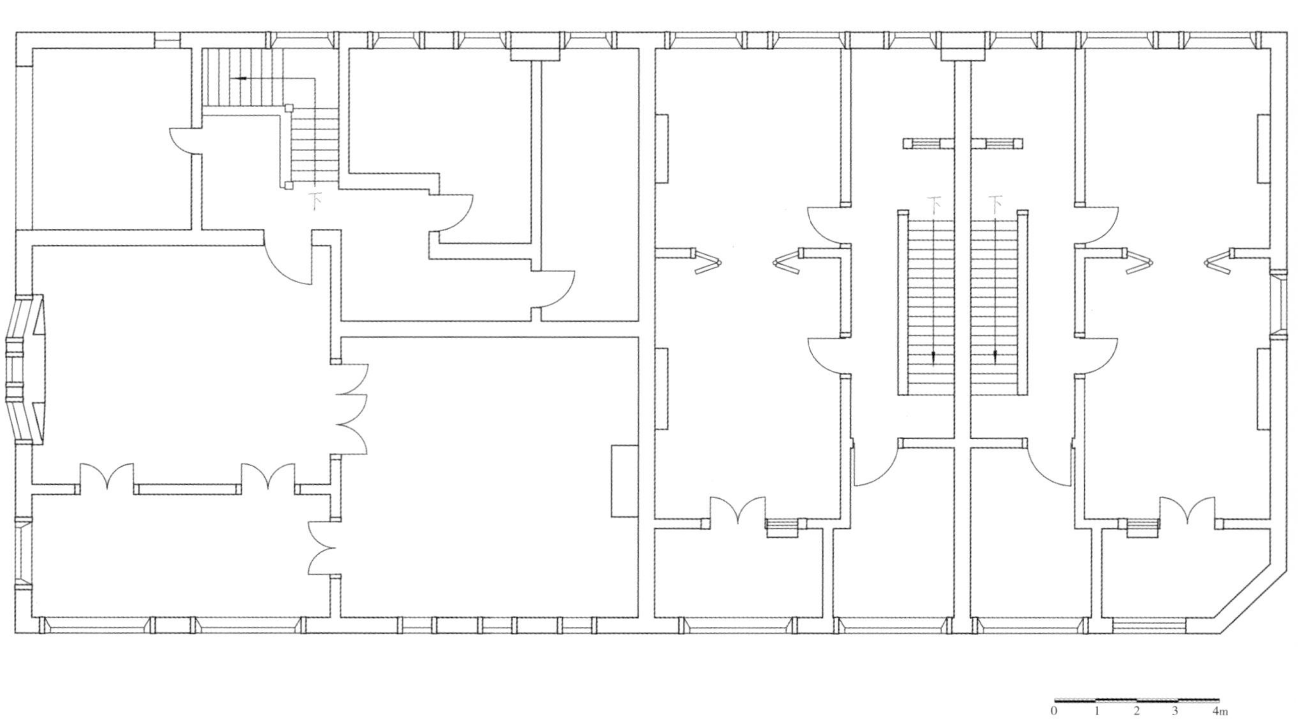

图2-18　二栋三层平面图

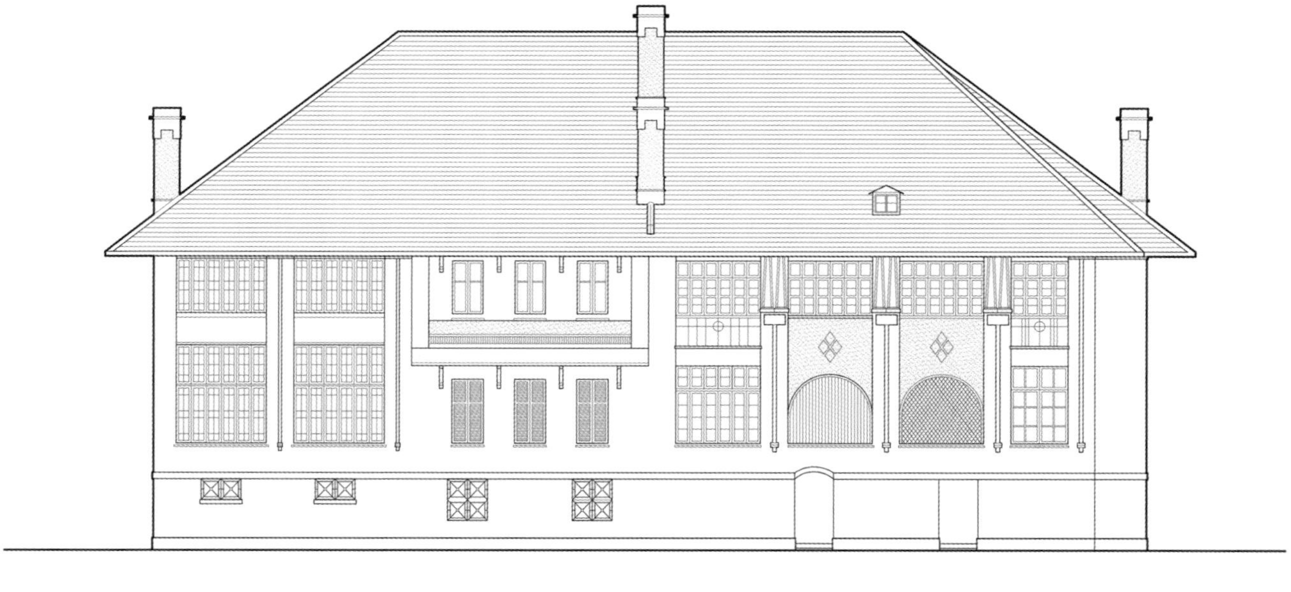

0 1 2 3 4m

图2-19　二栋正立面图

图2–20　二栋侧立面图

图2–21　重复与变化

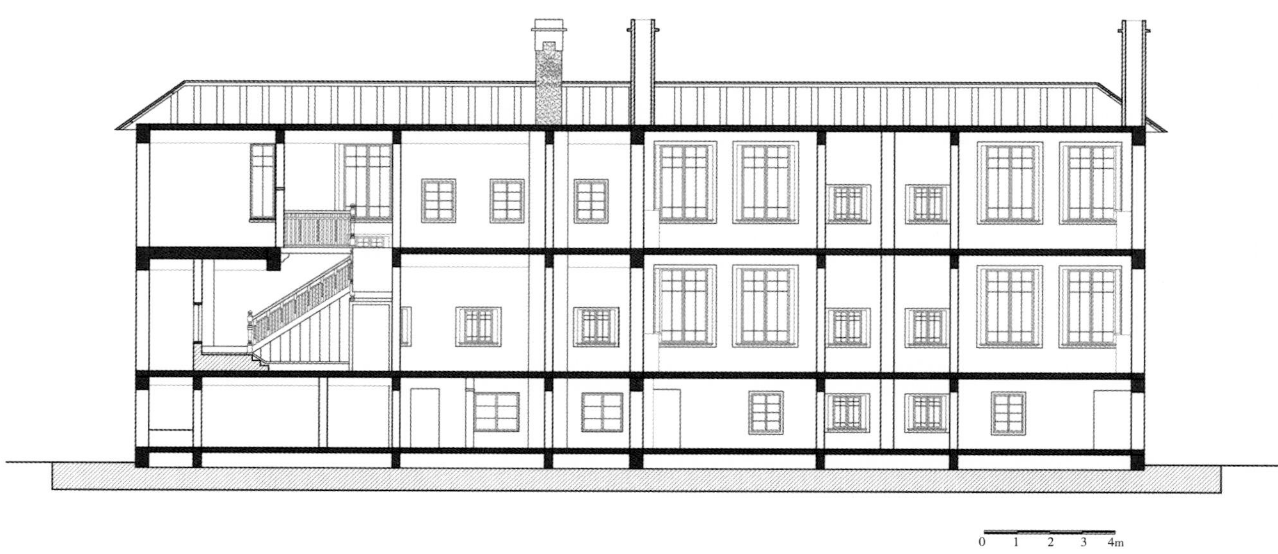

图2–22　2—2剖面图

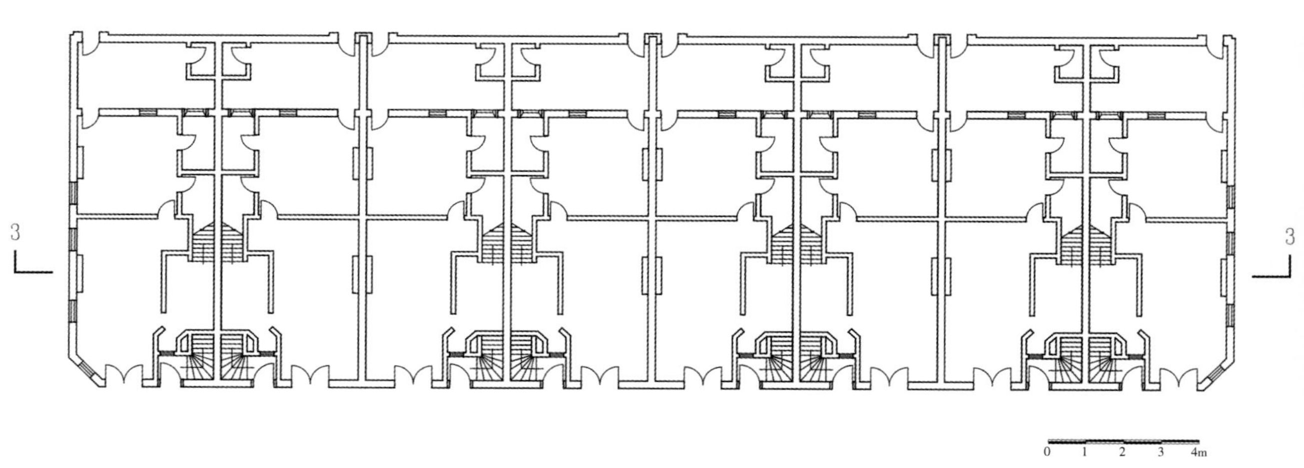

图2–23　三栋一层平面图

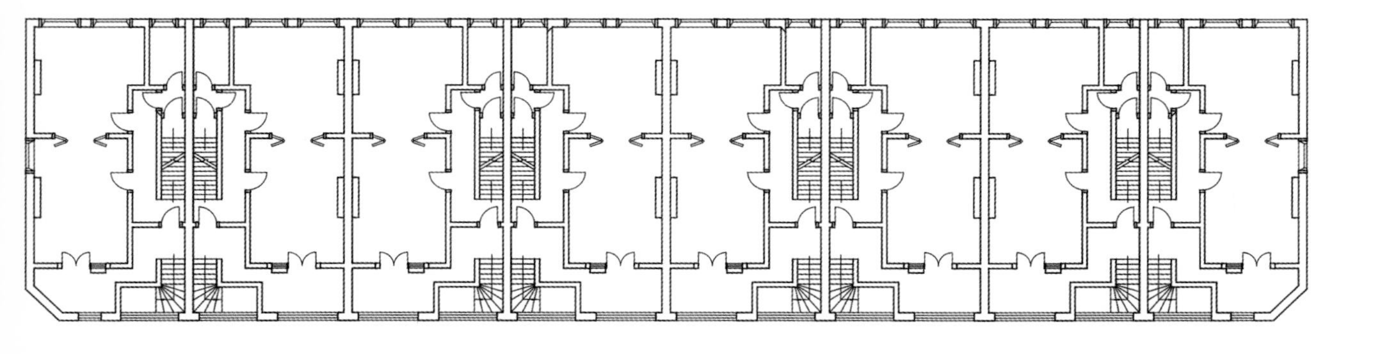

图2-24　三栋二层平面图

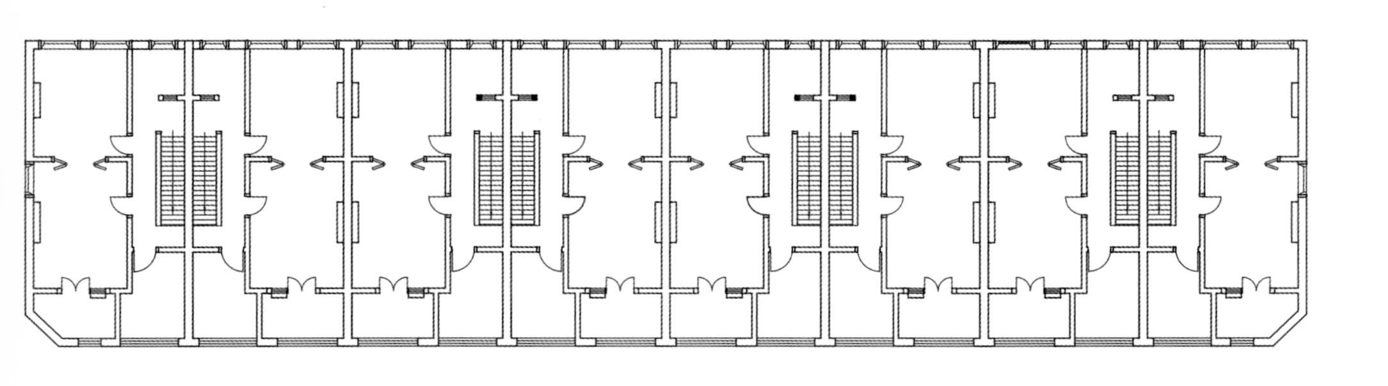

图2-25　三栋三层平面图

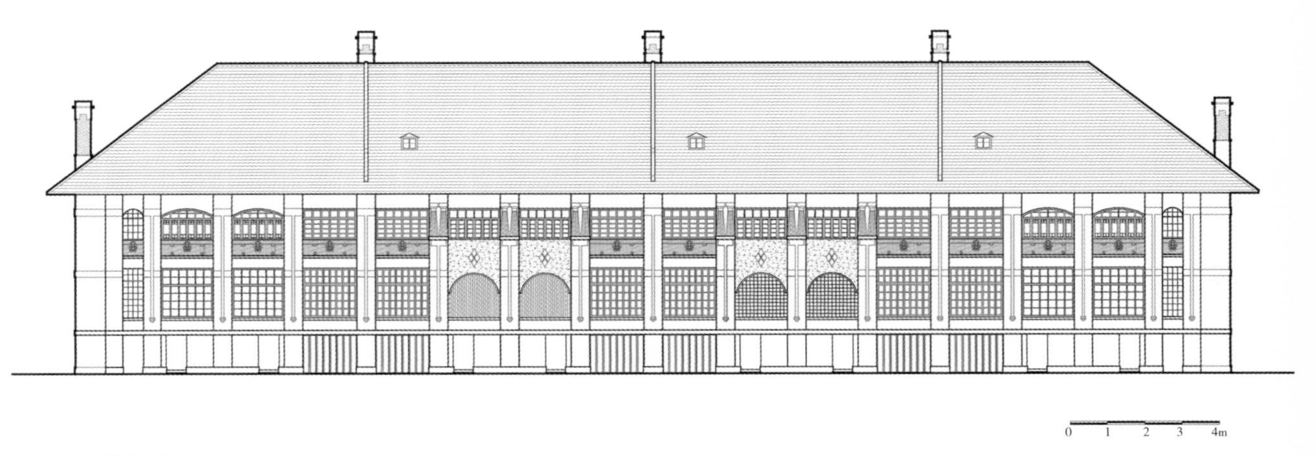

图2–26 三栋正立面图

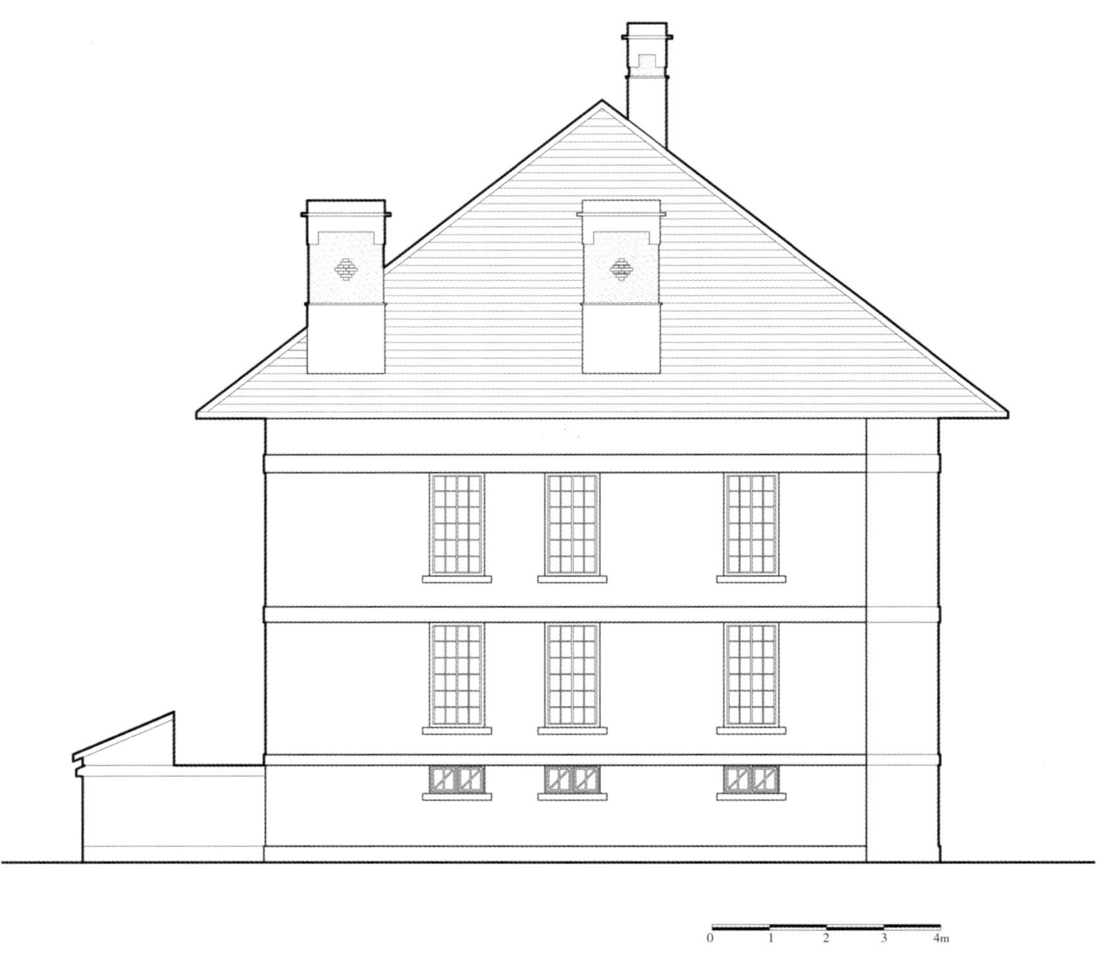

图2–27 三栋侧立面图

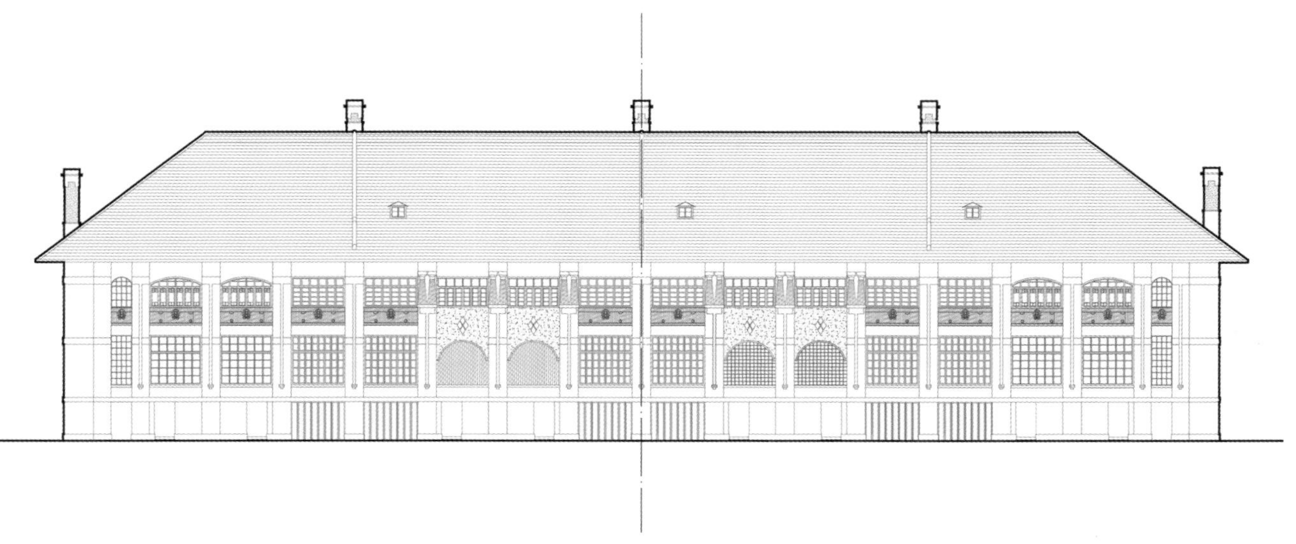

图2-28　对称与均衡

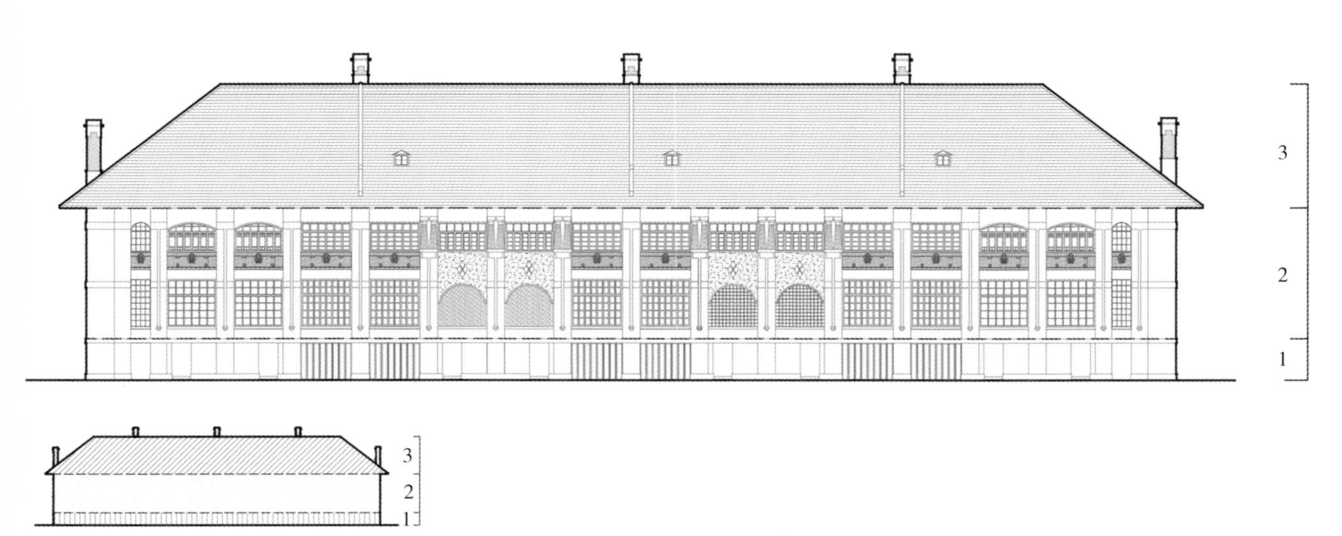

图2-29　纵向三段式构图

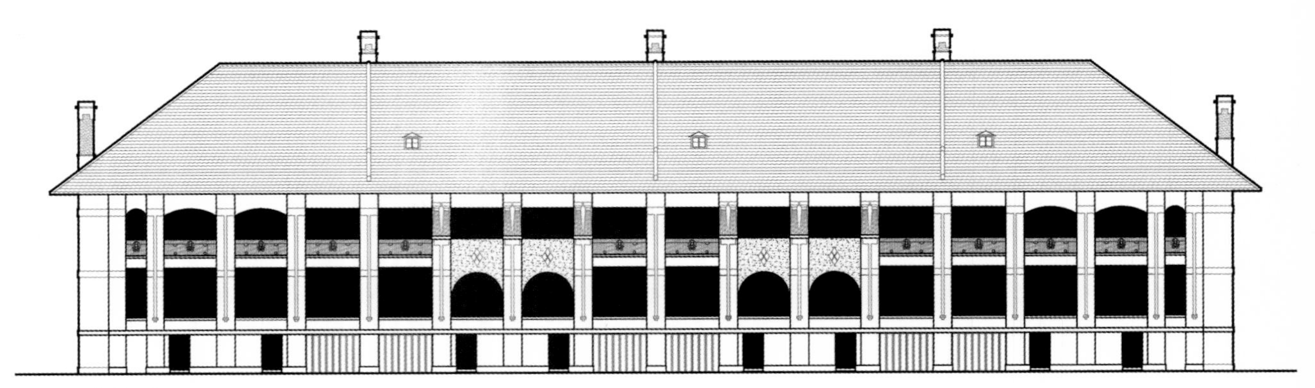

图2-30　立面凹凸

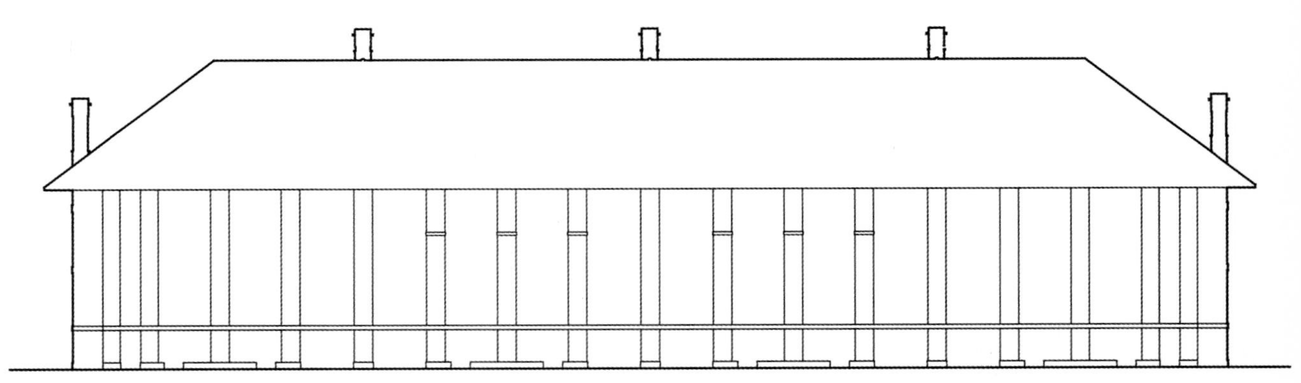

图2-31　韵律

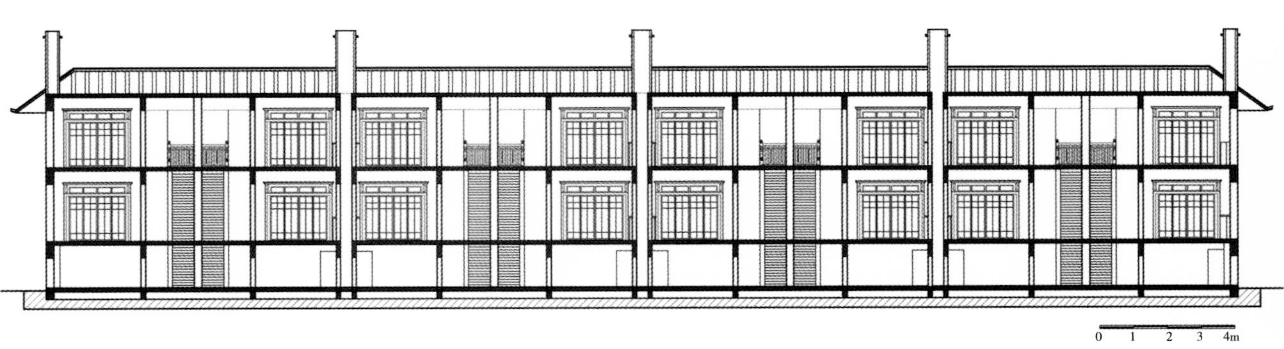

图2-32　3—3剖面图

03
第三章

第三章 怡和洋行住宅

怡和洋行住宅位于武汉市江岸区胜利街187-191号，黎黄陂路口南，建于1919年，当年为怡和洋行高级职员住宅。1938年10月，日军占领武汉，同年11月，在此设立汉口放送（日语的“放送”，即广播）局，由日本报道班管理，每日播音三次。1945年，抗战胜利后，此地为汉口广播电台播音室。2013年11月，习近平总书记对筹建武汉中共中央机关旧址纪念馆的报告作出批示强调，“修旧如旧，保留原貌，防止建设性破坏”。武汉市对位于汉口胜利街的武汉中共中央机关旧址及临近的唐生智公馆、怡和洋行公寓等三栋老房子进行修复和布展。如今的怡和洋行住宅是武汉中共中央机关旧址纪念馆的一部分。

第一节 历史沿革

怡和洋行住宅历史沿革

时　间	事　件
1919年	建筑建成，当年为怡和洋行高级职员住宅
1938年	日军占领武汉，在此设立汉口放送局
1945年	抗战胜利后，此地为汉口广播电台播音室
2010年	怡和洋行住宅被武汉市政府评为武汉市一级优秀历史建筑

第二节 建筑概览

说到怡和洋行住宅就不得不提起旧时的汉口第一租界——英租界了。1827年，一个名叫威廉·渣甸的英国人带着两箱鸦片来到了广州，这两箱鸦片使他获得了大量的利润。他把这笔钱作为定金，又继续向海外的公司赊销鸦片，就这样他的资本积累越来越丰厚。1832年，渣甸创立了渣甸洋行，继续做着贩卖鸦片的买卖，后来受到林则徐禁烟运动的影响被驱逐出中国。第一次鸦片战争结束后，渣甸洋行又卷土重来，并把总部搬到了香港，改名为“怡和洋行”。1843年怡和洋行在上海成立分行，后又在全国各地成立分行。1861年汉口开埠，1862年怡和洋行在汉口成立分行。那时的怡和洋行不仅做着贩卖鸦片的行当，还做起了茶、丝绸的进出口贸易。当时汉口的房地产业正处于兴盛时期，怡和洋行当然不会无动于衷。怡和洋行在汉口的管理者是个英国人，他是一个野心勃勃的人，他最大的梦想就是在汉口的英租界外，另行建立他的怡和租界。在他管理怡和洋行的这段时间，他到处买房盖楼，将他的势力范围不断扩大。怡和洋行先后建成的房屋大约百余栋，每年仅凭房租的收入已经相当可观。怡和洋行住宅为当时高级职员住宿的公寓，属西式居住建筑，砖混结构。外墙由假麻石墙、清水墙和拉毛墙三种组成，房顶错落有致，造型独特，形成了特色街景。

怡和洋行住宅照片详见图3-1至图3-6。

图3-1　透视实景图

图3-2　南立面实景图

图3-3　东立面实景图

图3-4　立面

图3-5　阳台

图3-6　大门

第三节　技术图则

依据建筑实测图纸，部分辅以三维建模，用技术图则方式解析怡和洋行住宅建筑的环境布局、平面布置、功能流线、围护结构、采光及通风等规划建筑诸元素。怡和洋行住宅技术图则详见图3-7至图3-12所示。

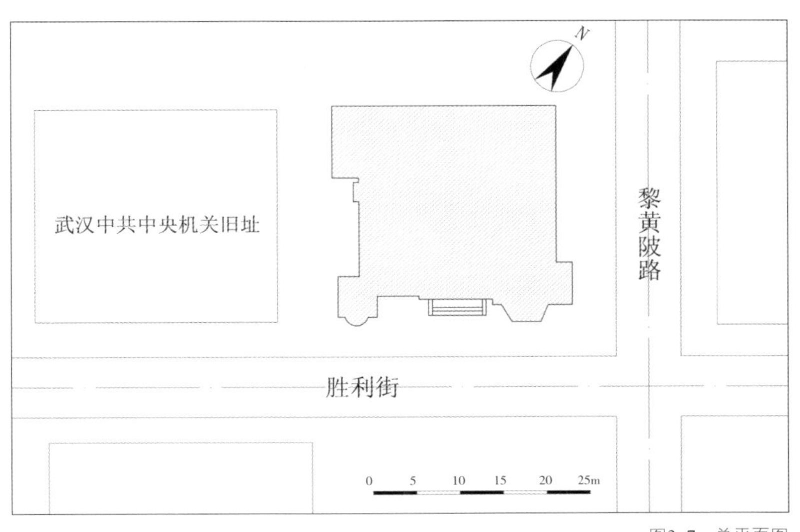

图3-7　总平面图

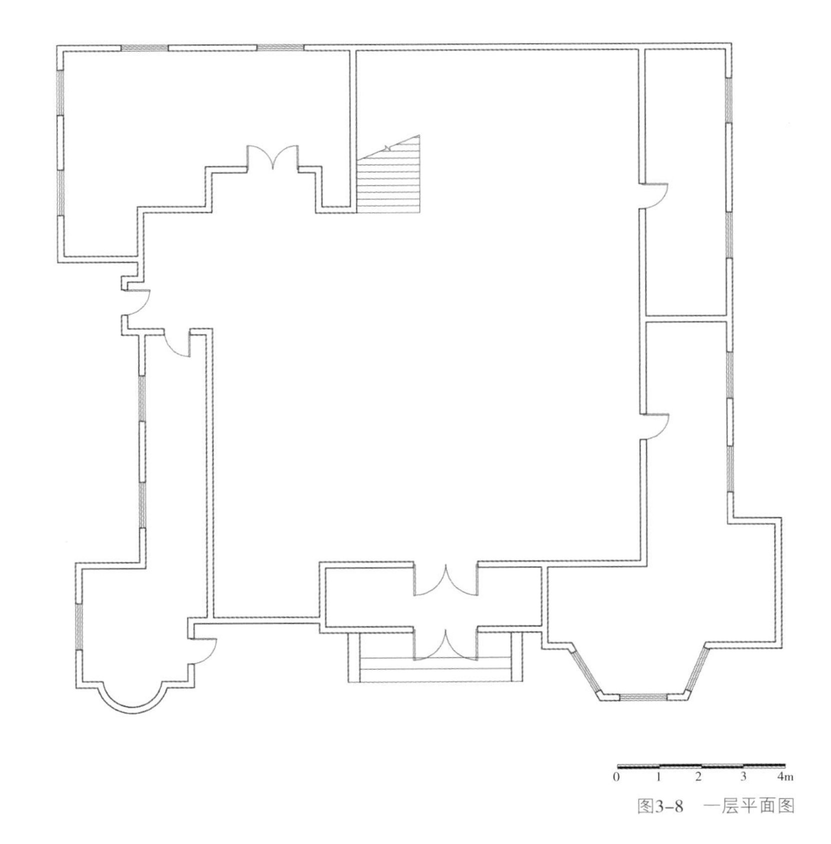

图3-8　一层平面图

◆　图3–9：一楼中间部分是大厅，有一个宽敞的楼梯通往二楼，四周不规则地设置了一些功能用房。

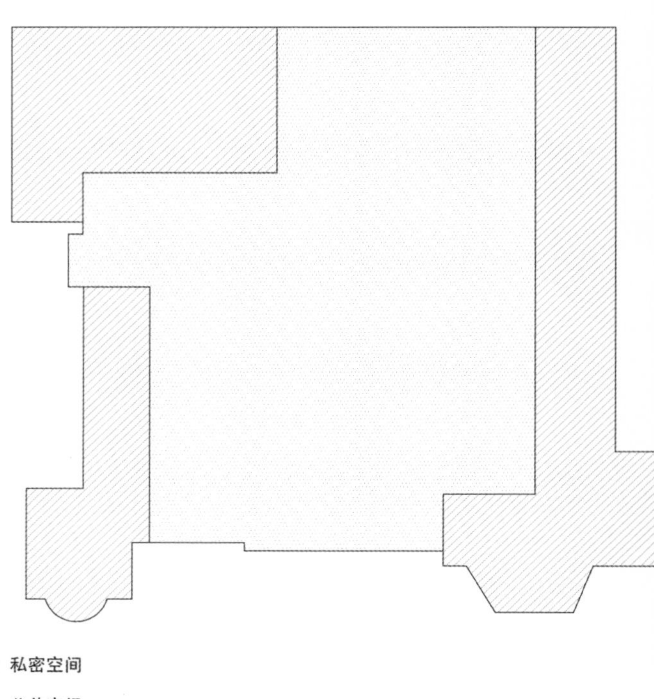

图3–9　公共与私密

图3–10　东立面图

图3-11　南立面图

◆　图3-11：沿街立面尖尖的屋顶特别引人注目，右侧多边形的房间造型别致，并有一条略带弧度的走廊可以直接通往三层。

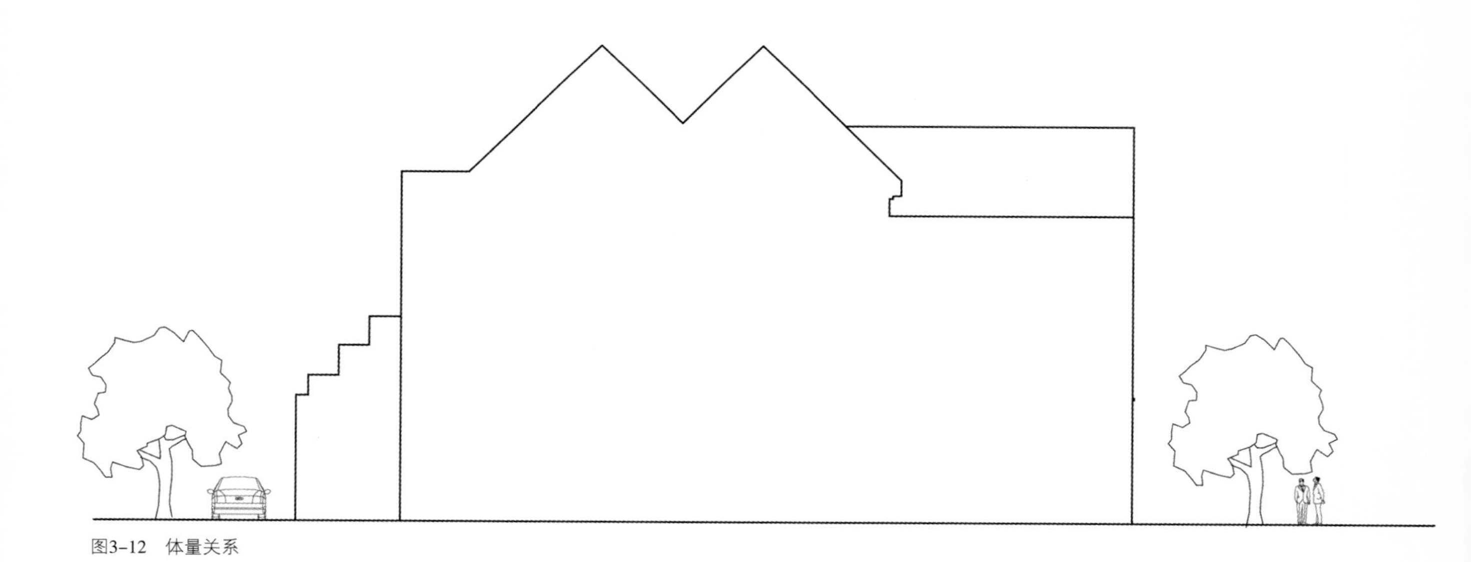
图3-12 体量关系

04
第四章

第四章 泰安纱厂职工住宅

1924年，日本大财阀集团之一的江州财团所属的日本棉花株式会社投资500万日元，在汉口硚口宗关，紧邻申新纱厂，建立了泰安纺织株式会社，即泰安纱厂（现武汉汽车配件厂所在地）。根据其生产需要，建造了泰安纱厂职工住宅建筑。遗憾的是这栋见证历史的老建筑淹没在了历史发展的长河中，希望通过以前留下的资料，建立一份历史档案记录在本书中。

第一节　历史沿革

泰安纱厂职工住宅历史沿革

时　间	事　件
1927年	武汉国民政府建立以后，日方人员转移，泰安纱厂宣布停办，工人要求发6个月的遣散费，日本老板却避而不见。经中共党员张金保领导工人进行十多天斗争，日本老板才被迫发遣散费
1931年	泰安纱厂迫于全国人民反对日本侵略的怒火，曾一度停工
1937年	抗日战争爆发后，国民政府军政部接管泰安纱厂，改为军政部临时军用纺织厂
1938年	军用纺织厂开始迁往重庆，中途被日机轰炸
1948年	军政部将其拍卖给申新四厂，改名为渝新纱厂
1954年	公私合营后和留渝的豫丰纱厂合并成为重庆国棉二厂

第二节　建筑概览

泰安纱厂职工住宅在设计中充分考虑建筑与环境之间的关系，尤其是武汉地区冬冷夏热和潮湿的气候特点。采用厚外墙及架空层来解决气候对居住的影响，居民反映保温隔热效果比较突出。采用南北朝向，通风采光良好。功能分区清晰，会客、休息、盥洗等区域划分清晰，并有干湿分区的概念雏形。

由于后期经过多次改建，根据老居民的描述，其建筑形式与建成初期相比有较大变化。但其平面布局形式对研究集合住宅的发展演变历史有一定价值。

泰安纱厂职工住宅照片详见图4-1至图4-4。

图4–1　鸟瞰实景图

图4–2　局部立面实景图

图4–3　立面透视实景图

图4–4　室内栏杆

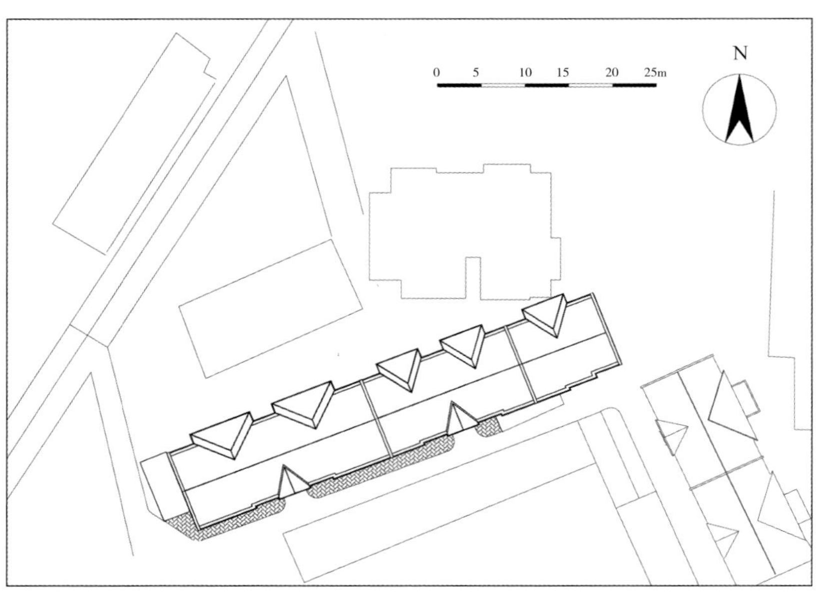

图4-5 总平面图

第三节 技术图则

依据建筑实测图纸，部分辅以三维建模，用技术图则方式解析泰安纱厂职工住宅建筑的环境布局、平面布置、功能流线、围护结构、采光及通风等规划建筑诸元素。泰安纱厂职工住宅技术图则详见图4-5至图4-16。

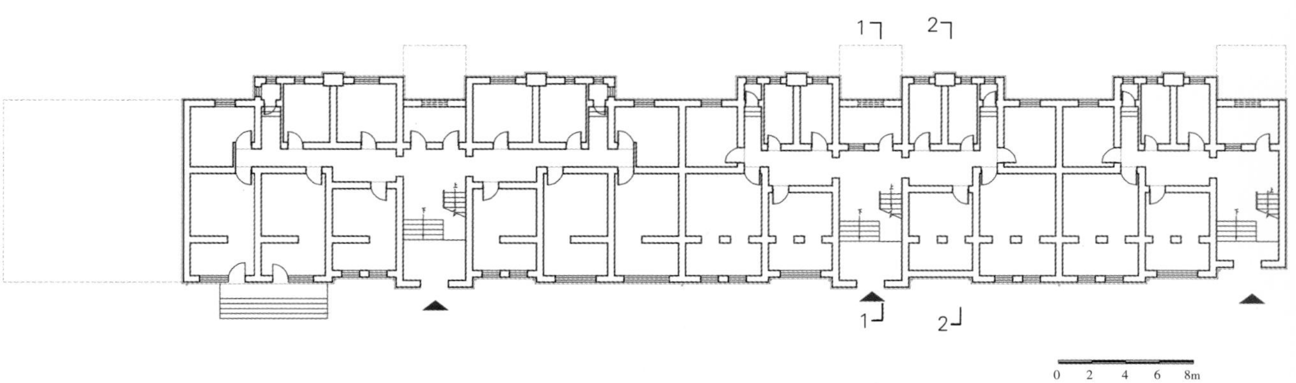

图4-6 一层平面图

◆ 图4-6：建筑平面由三个单元式住宅平面相互连接，构成南北向较长、东西向较短的联排式住宅楼。各单元之间相互独立，强调建筑入口，具有较强的交通流线指引性。

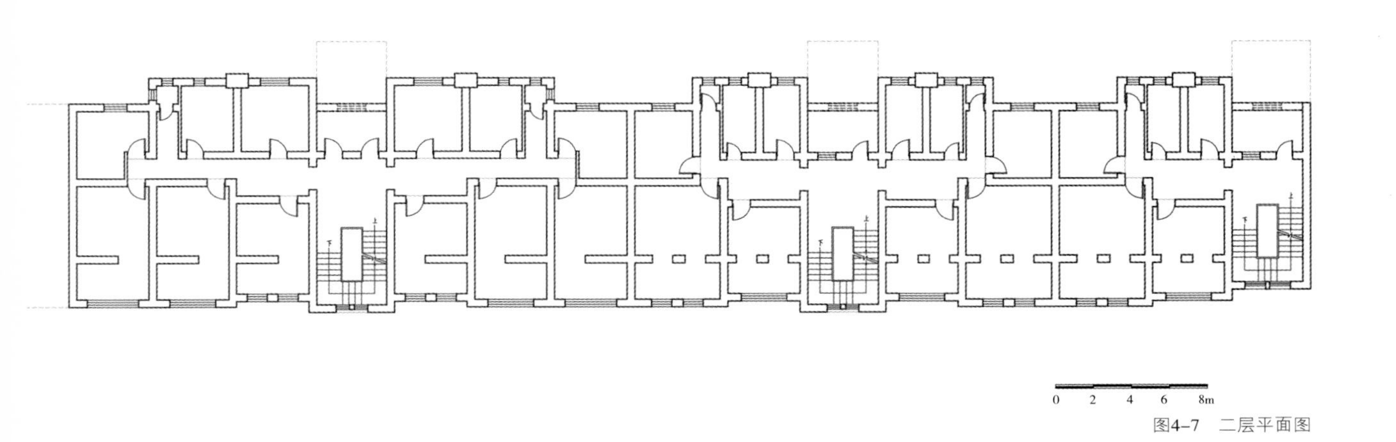

图4-7　二层平面图

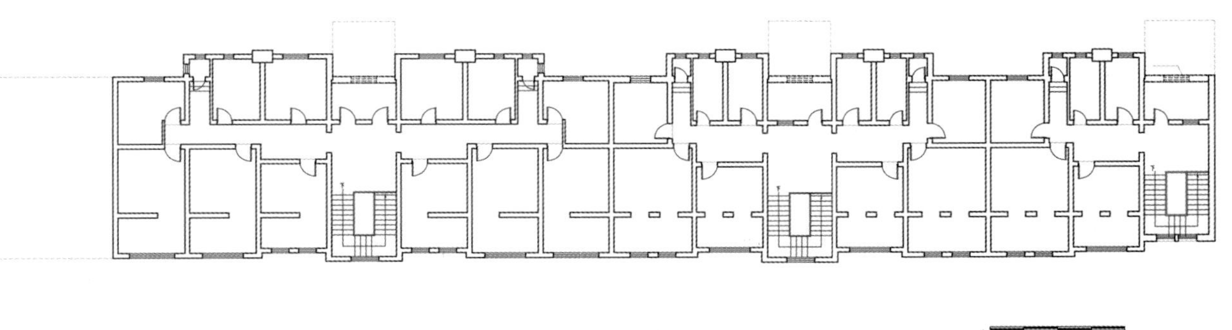

图4-8　三层平面图

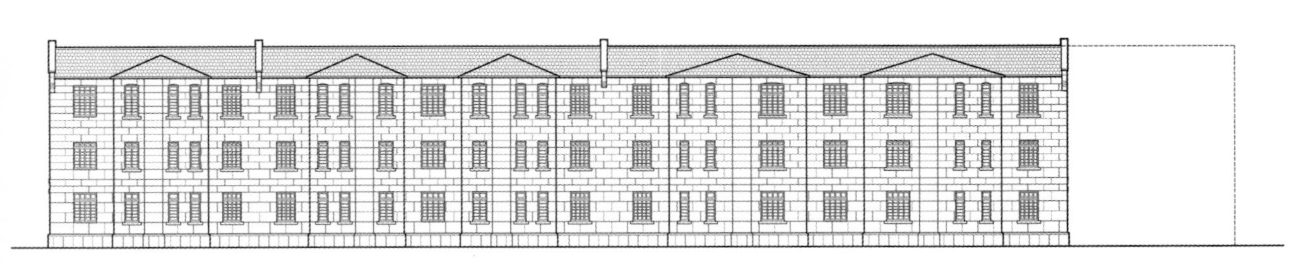

图4-9　北立面图

图4-10　南立面图

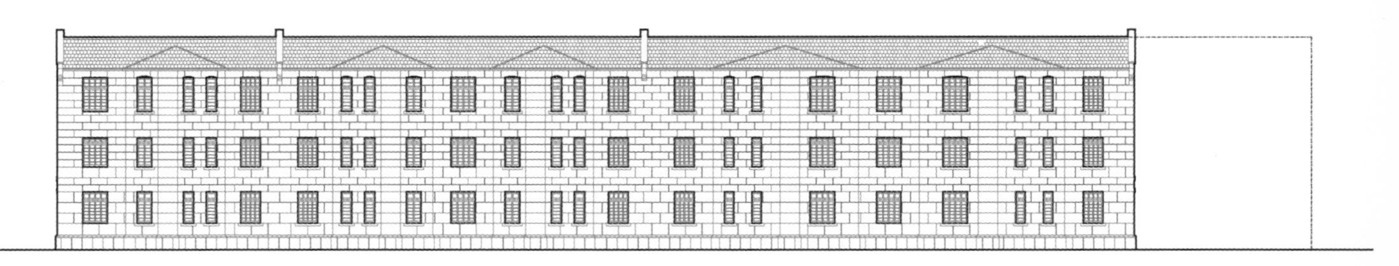

图4-11　重复与变化

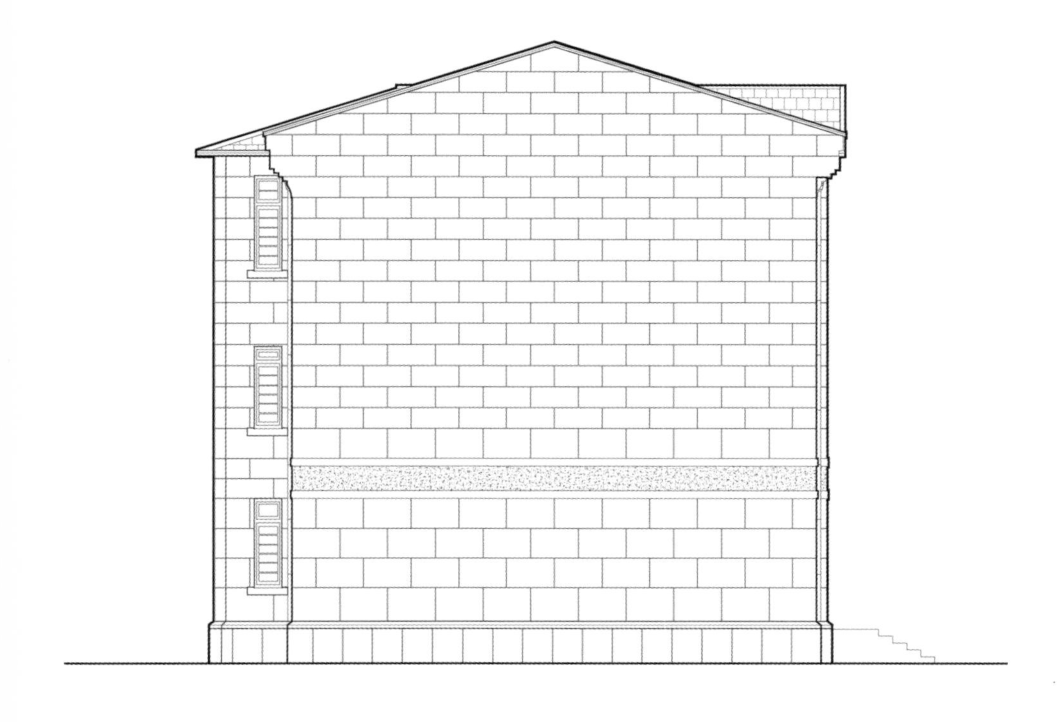

图4–12　东立面图

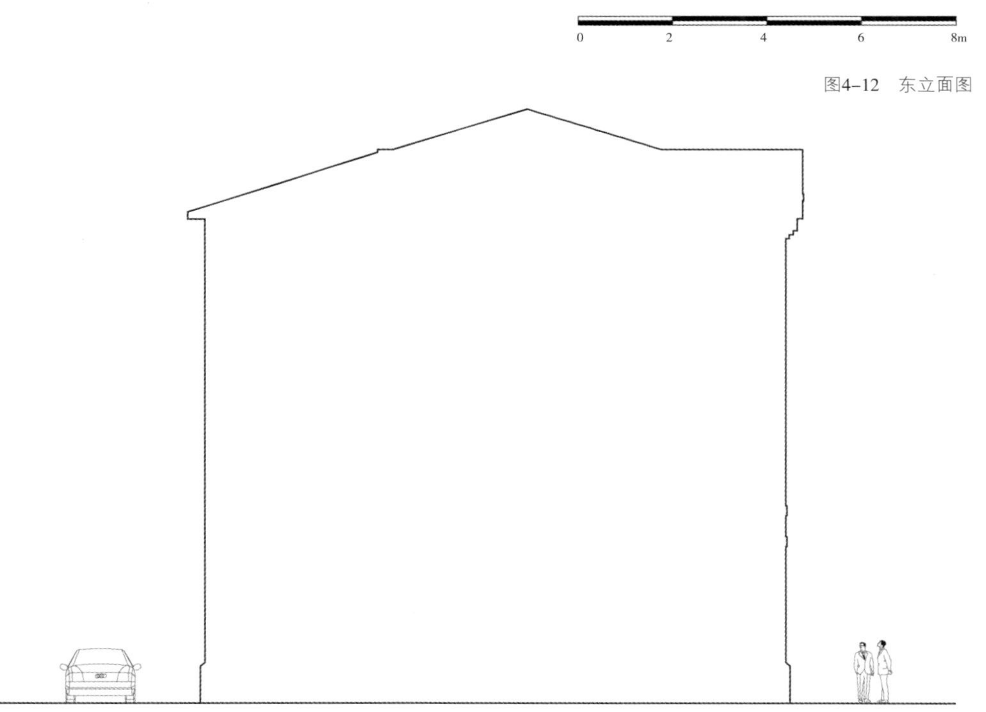

图4–13　体量关系

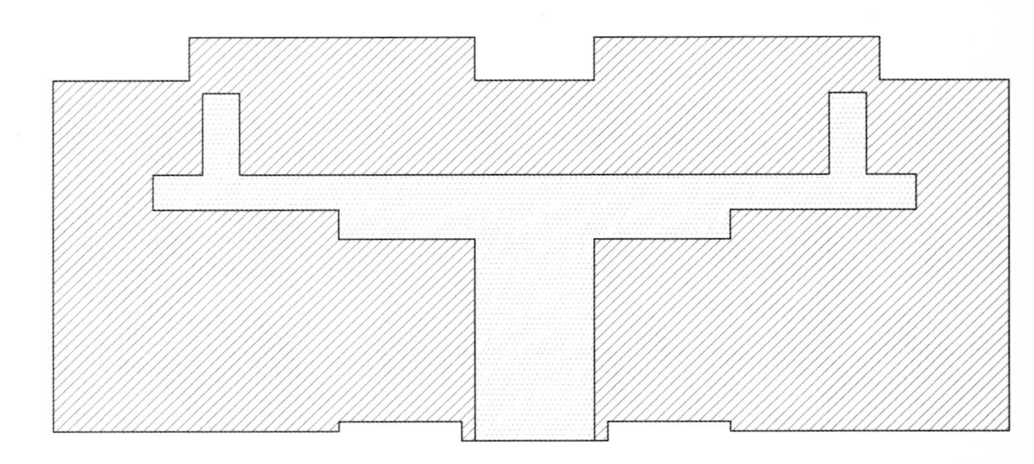

图4-14　公共与私密

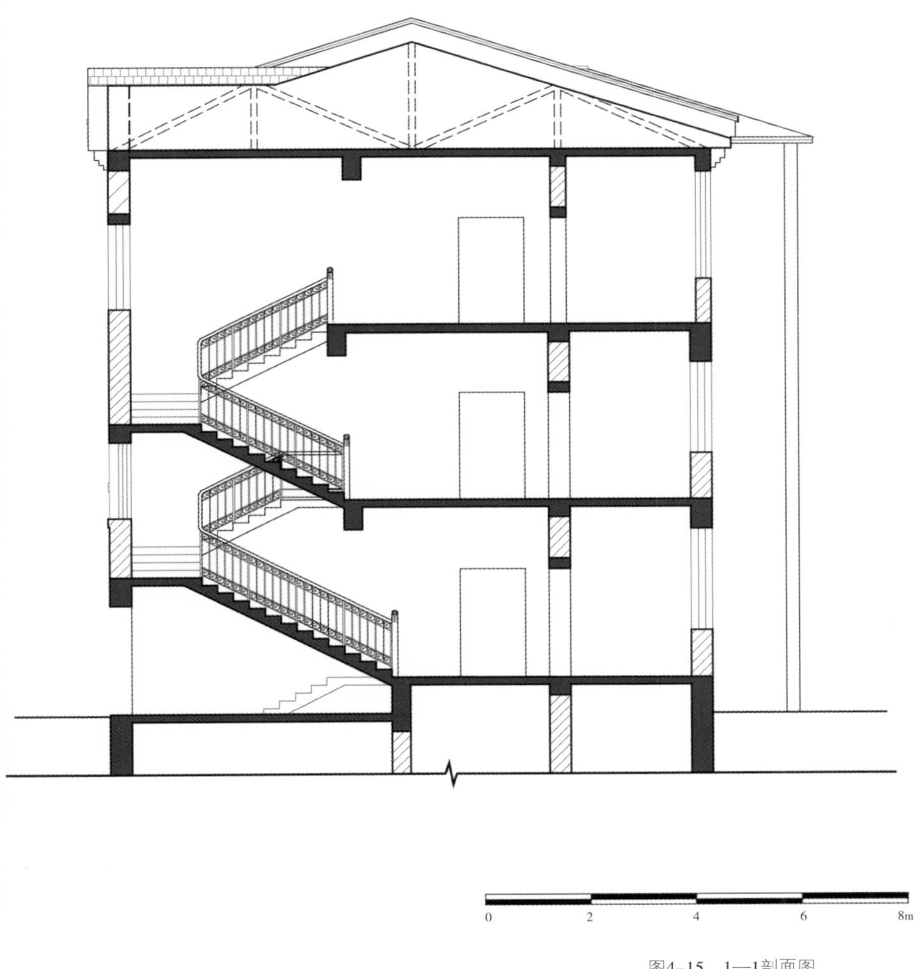

图4–15　1—1剖面图

◆　图4–15：第一层地板下有架空层，起到良好的防水、防潮、保温、隔热作用。

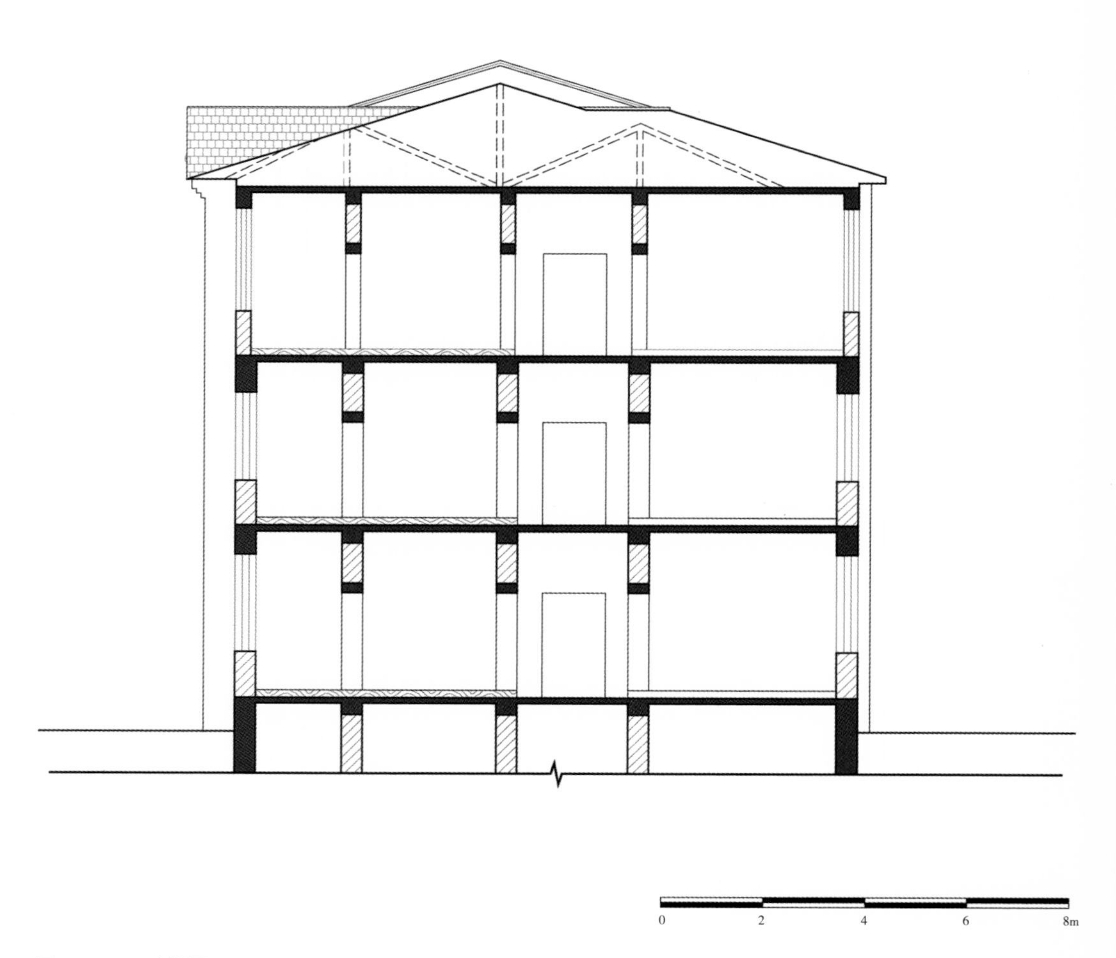

图4-16　2—2剖面图

05
第五章

第五章 汉口新市场

汉口新市场即如今的新民众乐园，位于武汉市江汉区中山大道704附1号附近。汉口新市场于1919年由时任湖北督军的王占元与人合资修建，占地12187m²，是一座集购物、休闲、娱乐于一体的娱乐场所。新中国成立前它与天津劝业场、上海大世界并称为三大娱乐场。

第一节 历史沿革

汉口新市场历史沿革

时 间	事 件
1919年	时任湖北督军的王占元与人合资建成汉口新市场
1926年	被武汉国民政府作为逆产没收，改名为“中央人民俱乐部”
1927年	由血花剧负责人李龙之任主任，故又名“血花世界”
1928年	由武汉市公安局监管后改名为“汉口民乐园”
1945年	抗战胜利后，国民党第六战区将其没收，改名为“和记民众乐园”
1949年	新中国成立后，由武汉军事管制委员会文教接管部接管，正式确立名字为“民众乐园”
1966年	“文革”期间，改名“人民文化园”，文化活动几乎全部中止
1979年	复名“民众乐园”，重新成为武汉市文化活动中心
1993年	被评为武汉市二级优秀历史建筑
1997年	由新加坡公司投资经营，改名“新民众乐园”

第二节 建筑概览

早年的汉口新市场，位于中山大道民生路上，是一个娱乐、商业功能兼备的综合性游乐场所。民国初年，由时任湖北督军的王占元和汉口知名人士刘有才等集资兴建，1919年主要部分建成开业，1920年全部建成。

主楼部分为文艺复兴式建筑，中部的七层塔楼，向上层层缩小，上覆穹顶。两侧四层，为柱式–拱窗结构。其他建筑还有“雍和厅”（杂技）、大舞台、新舞台以及贤乐巷、协兴里一带的20多栋住房。全园占地面积为12187 m²，建筑面积为17168 m²。场地设施仿上海

“大世界”，分别安排了3个剧场、2个书场和中西餐厅、弹子房、小型商场、阅报室、陈列室、室内花园（即所谓“小乾坤”）、哈哈镜、溜冰场以及杂技、舞台等。另外，在进园处设有“鸳鸯池”（后改成金鱼池），池中叠石为山，周围环水，山腰塑有捉迷藏的裸体小儿，山顶飞瀑奔泻。一对鸳鸯在池水中浮游。汉口新市场后部的“趣园”（小花园，系主体建筑落成后请日本设计师设计而建）设有茅亭、竺桥、莲池、喷泉（水从莲心上喷出）等建筑小品。全园建成开业后，曾驰名国内外。1946年全园有各种剧座4500席，是武汉最大的文化娱乐场所。

汉口新市场照片详见图5-1至图5-7。

图5-1　透视实景图（1）

图5-2　透视实景图（2）

图5-3　沿街立面实景图

图5-4　入口大门

图5-5　窗户（1）

图5-6　窗户（2）

图5-7　阳台

第三节　技术图则

依据建筑实测图纸，部分辅以三维建模，用技术图则方式解析汉口新市场建筑的环境布局、平面布置、功能流线、围护结构等规划建筑诸元素。汉口新市场技术图则详见图5-8至图5-16。

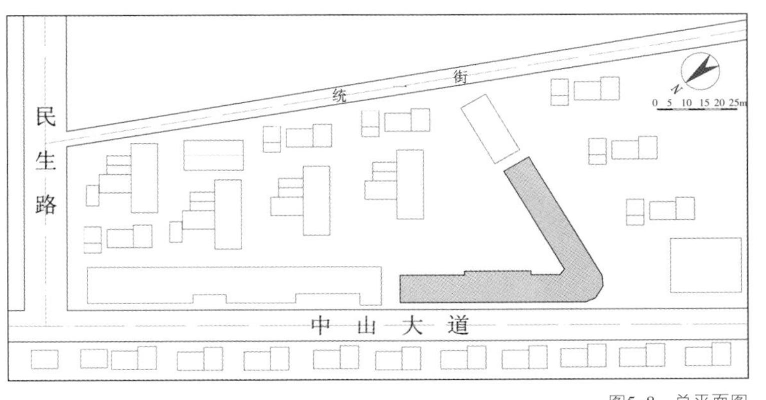

图5-8　总平面图

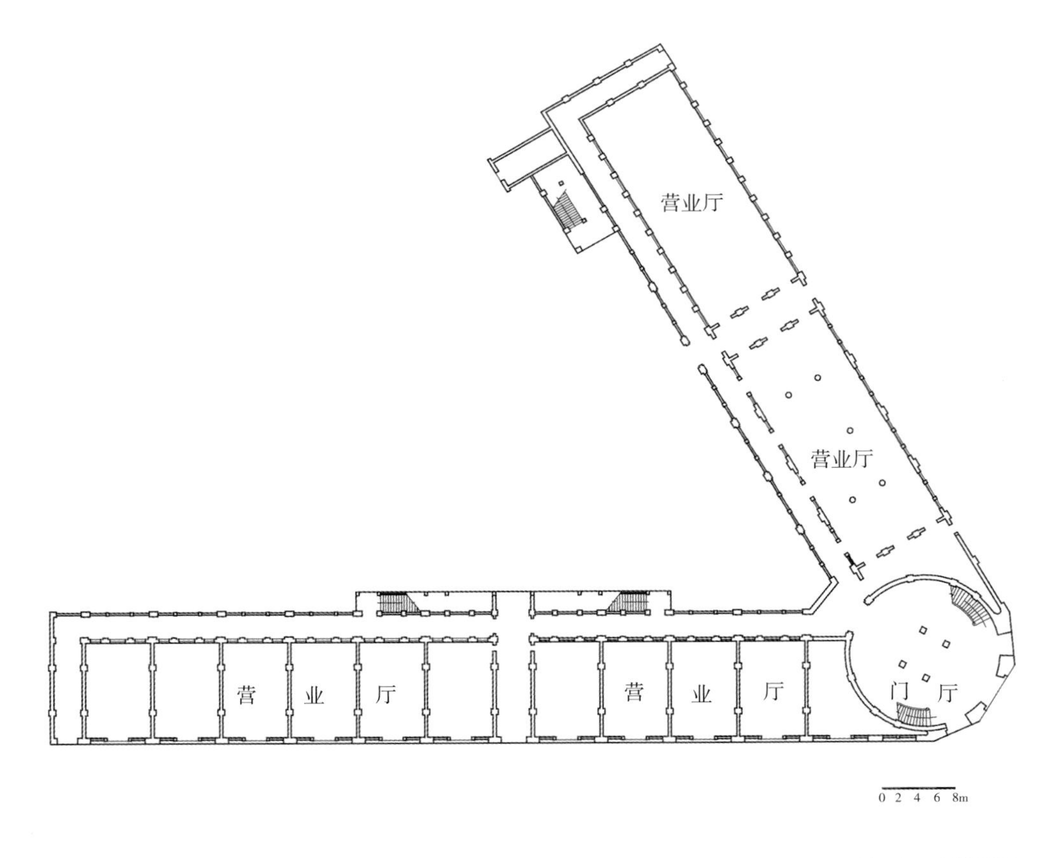

图5-9　一层平面图

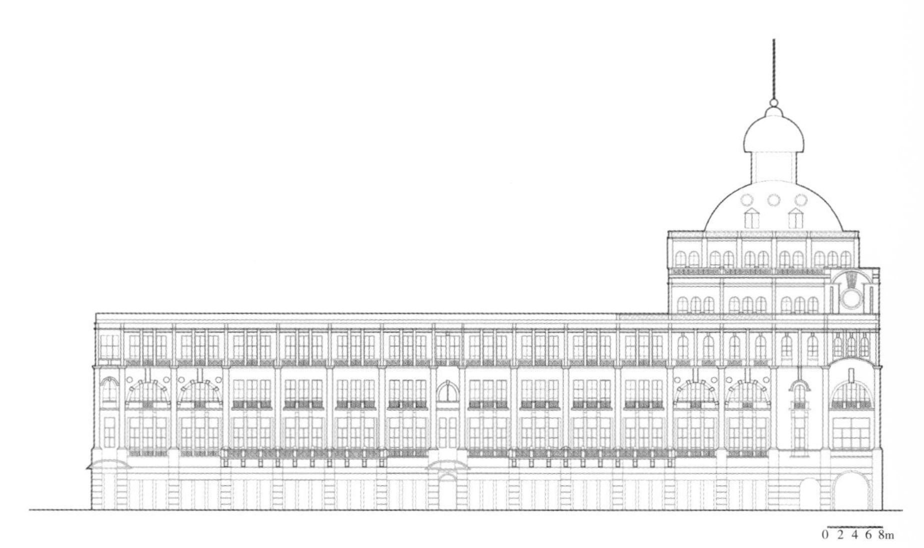

图5-10　北立面图

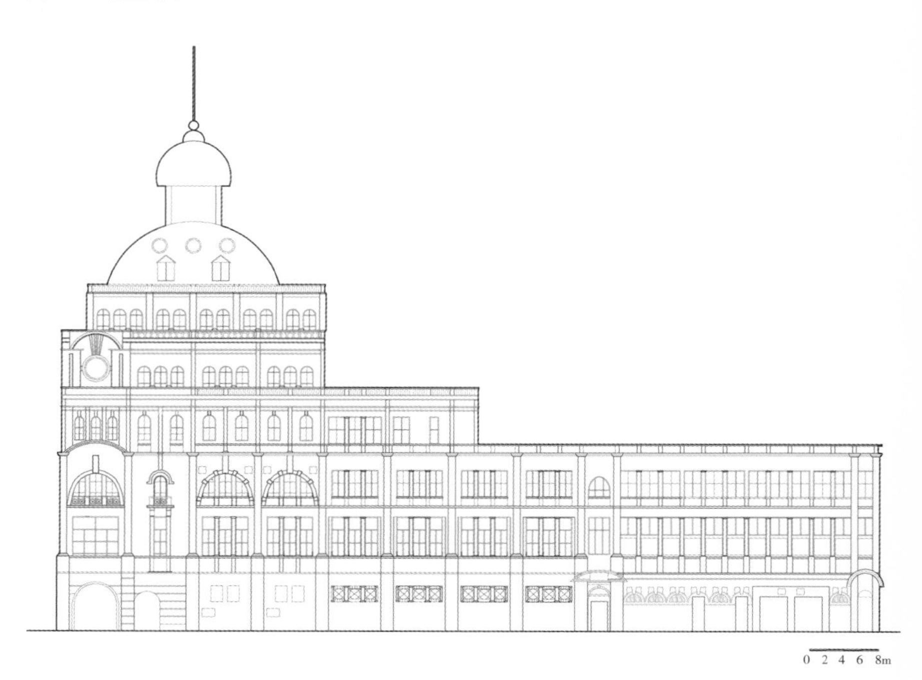

图5-11　西立面图

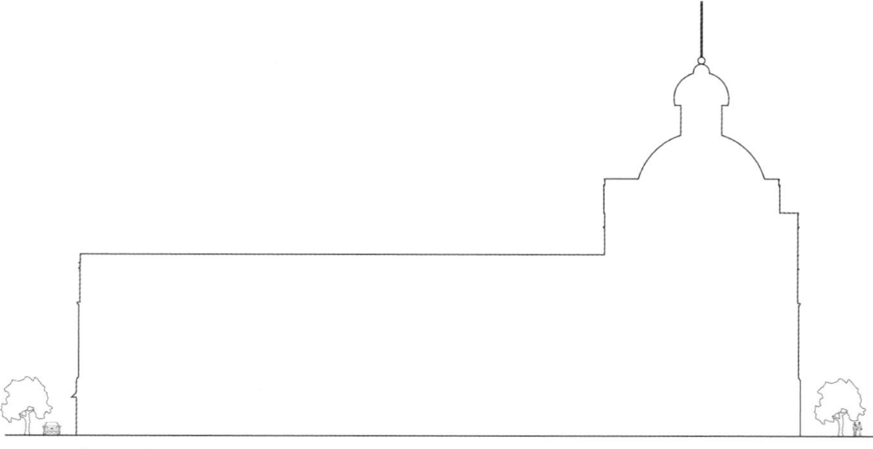

图5-12　体量关系

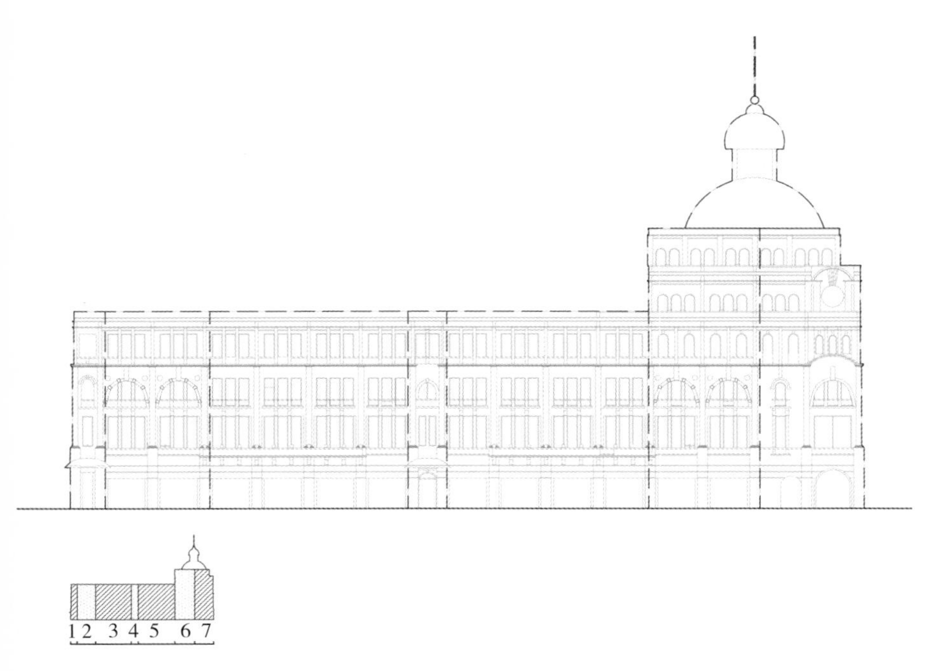

图5-13　横向七段式构图

◆　图5-13：右侧体量较大的建筑体块在对这个建筑的感受上起到了一个统率的作用。从立面上看，它是整个建筑的视觉中心。从平面上看，它是一个交通枢纽，可以连接到其他功能空间。

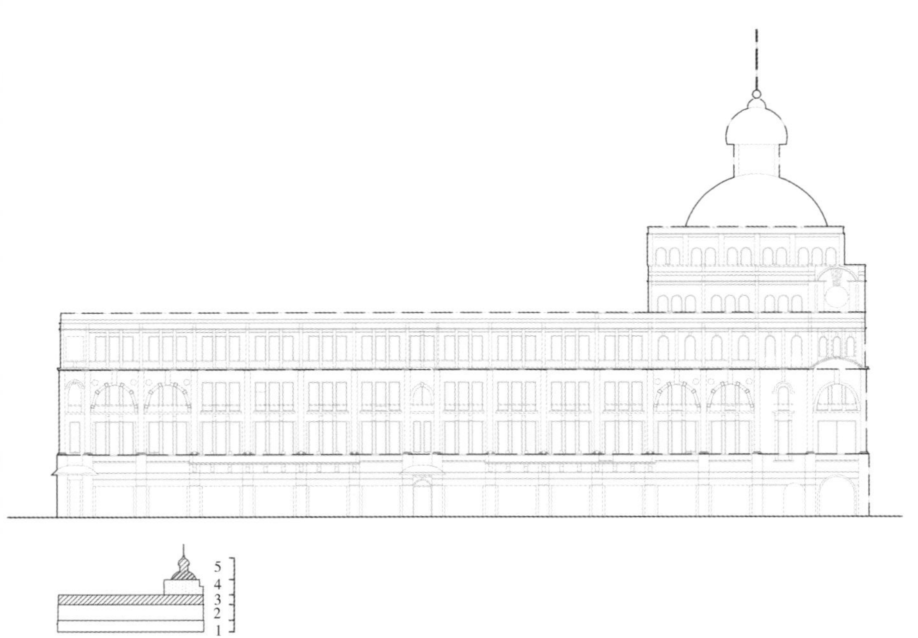

图5-14　竖向五段式构图

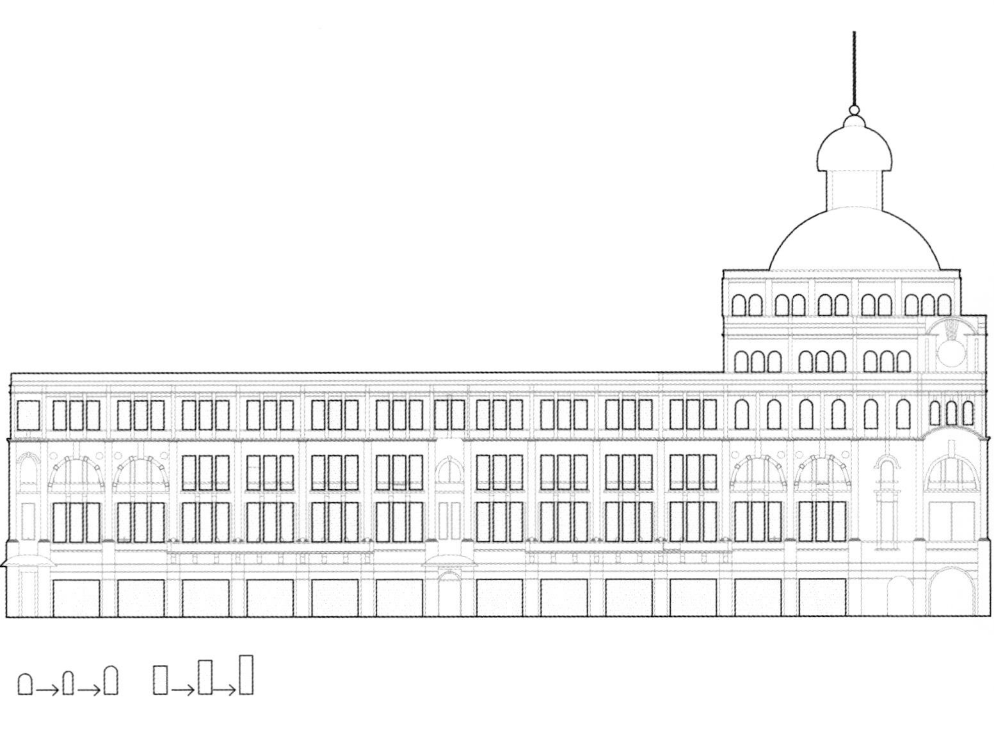

图5-15　重复与变化

图5-16　韵律

06
第六章

第六章 华商赛马公会

1902年，西方商人以低价从中国商人刘歆生手中购得大片荒地，1905年西商跑马场建成。1908年，华籍买办张永璋在观看赛马时，想利用洋行买办的职位与洋人接近，尝试登上专供洋人观看赛马的高级看台，但是还没等他登上看台就被守在台口的印度守卫阻拦，而且还被踢了一脚。这个事件引起了华商们的公愤，他们立即提议创办一个华商跑马场，刘歆生首先承诺将位于桥口上面的地皮划出一大段作为投资，其余人也纷纷认股投资，于是华商跑马场就这样诞生了。华商赛马公会也随之一起成立。

第一节 历史沿革

华商赛马公会历史沿革

时 间	事 件
1908年	发生洋行买办张永璋受辱事件，引起华商们的公愤，他们立即提议创办一个华商跑马场
1919年	建成华商赛马公会
1946年	华商赛马公会屋顶上加建1层
1949年	武汉解放，结束了赛马大赌博的历史
1993年	华商赛马公会被列为武汉市二级优秀历史建筑

第二节 建筑概览

现存的华商跑马场只有一栋华商赛马公会的楼房和跑马场的看台。看台建于1909年，设计与施工者不详，是中国最早的钢筋混凝土建筑之一，由储藏室、看台、主席台、附属用房及塔楼组成。混凝土材质与清水墙面相互对比，朴实干练。抗战期间，这里还举行了千人合唱大会，大会主席为郭沫若，指挥家为著名音乐家冼星海、张曙。该看台现在是同济医科大学运动场。

华商赛马公会建于1919年，设计者不详，由汉合顺营造厂施工，旧址位于今武汉市江岸区汇通路18号。它为矩形平面，3层砖混结构建筑，立面对称构图，正中间的主入口凸出，以方柱支撑二层挑出的阳台，形成主入口顶上的门斗。大楼底部基座用花岗石砌筑，中部墙体则是灰砂砖。二层与三层的顶上有一短一长两条挑檐，墙面开长条形窗户，组合排列成两扇或三扇，窗户之间的壁柱有竖向的刻槽，强调竖向划分。屋顶为平顶，于1946年加建1层，突出檐线，正立面以二层阳台做腰线装饰效果。整栋楼房使用墙面雕花的部分在上下两层窗之间，非常不明显，浅层雕刻，精致细腻。整个建筑挺拔有力，典雅别致。该建筑现为武汉市公用事业局，并被列为武汉市二级优秀历史建筑。

华商跑马场开业后，生意鼎盛，获利颇多，营业时间与西商跑马场一样，也定在春秋两季，赛期比西商跑马场长。除了跑马场自己规定的赛事外，还要举办一些“赈灾”或“助学”之类的义赛。

武汉沦陷后，华商跑马场的赛马运动陷入停滞状态。新中国成立后，赛马运动逐渐淡出武汉。

华商赛马公会照片详见图6-1至图6-5。

图6-1　透视实景图

图6-2　南立面实景图

图6-3　阳台

图6-4　窗户

图6-5　室内

第三节　技术图则

依据建筑实测图纸，部分辅以三维建模，用技术图则方式解析华商赛马公会建筑的环境布局、平面布置、功能流线、围护结构、采光等规划建筑诸元素。华商赛马公会技术图则详见图6-6至图6-20。

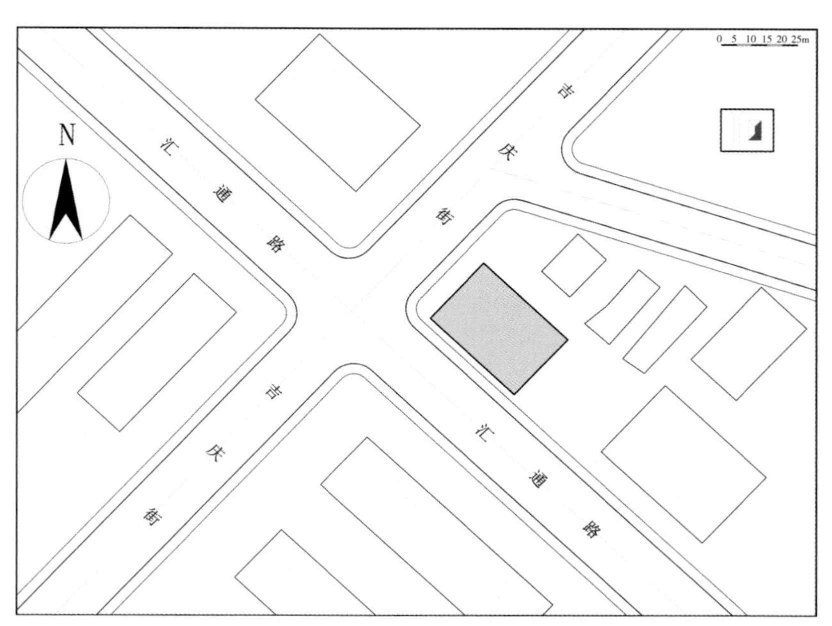

图6-6　总平面图

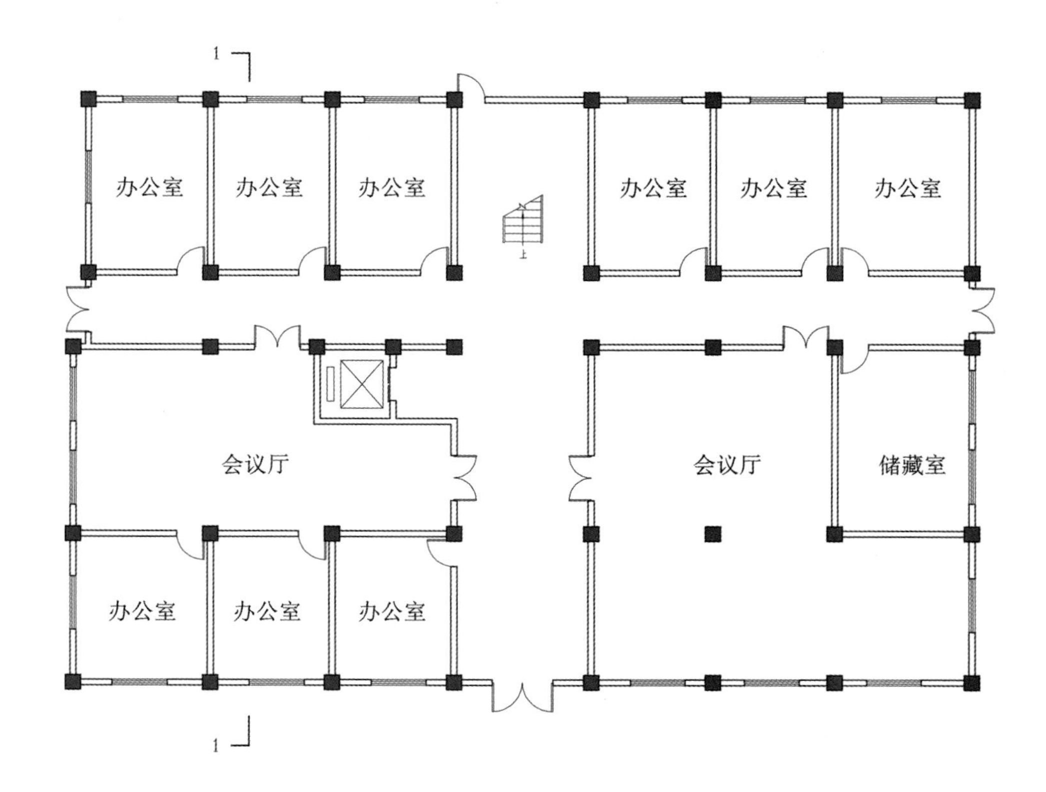

图6-7　一层平面图

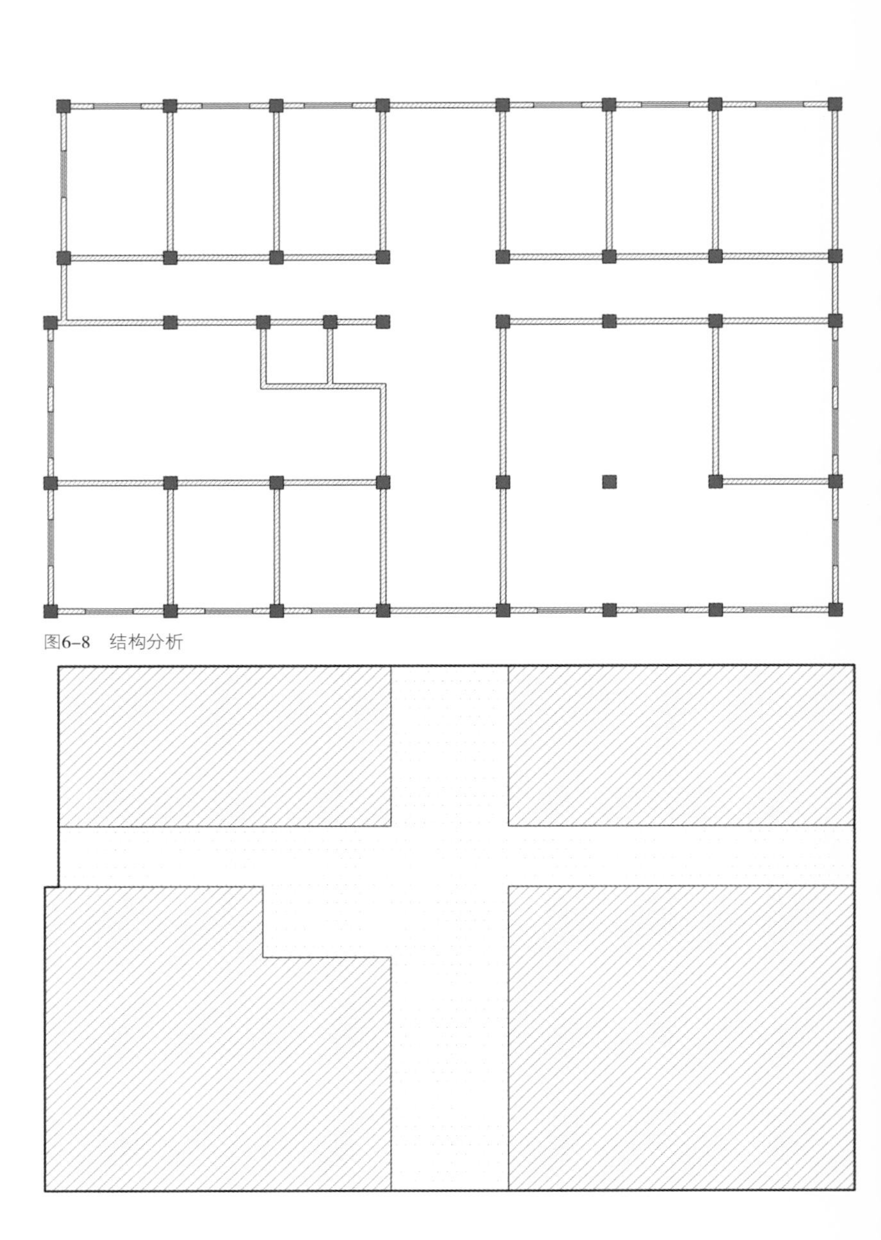

图6-8　结构分析

私密空间

公共空间

图6-9　公共与私密

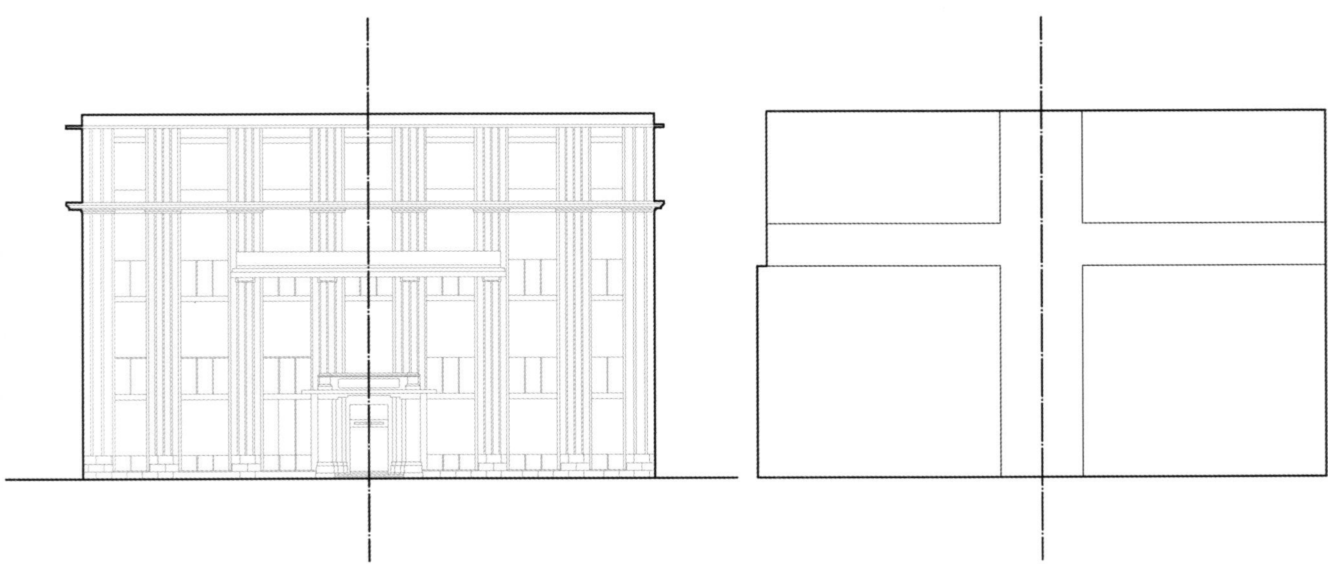

图6-10　对称与均衡

◆　图6-10：对称与均衡不仅是总平面布局的常用原则，同时也是建筑空间塑造的重要手法。

图6-11　南立面图

◆ 图6-11与图6-12：建筑西立面构图简洁，强调形体感和线条感，入口、阳台装饰线条互相映衬，这对于现今公共建筑以及住宅楼的建筑设计中的山墙面处理具有启示和借鉴作用。

图6-12　西立面图

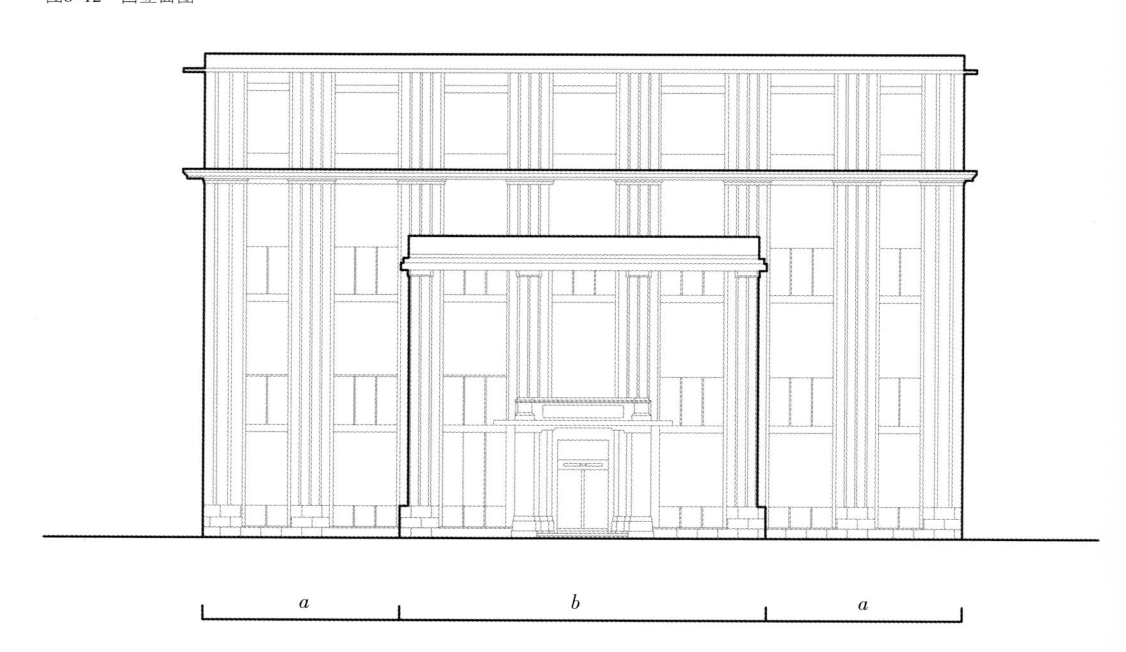

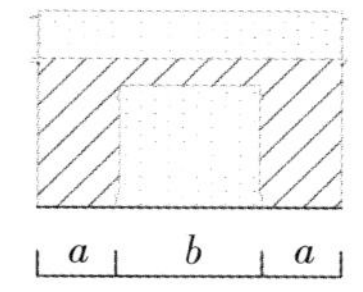

图6-13　构图比例

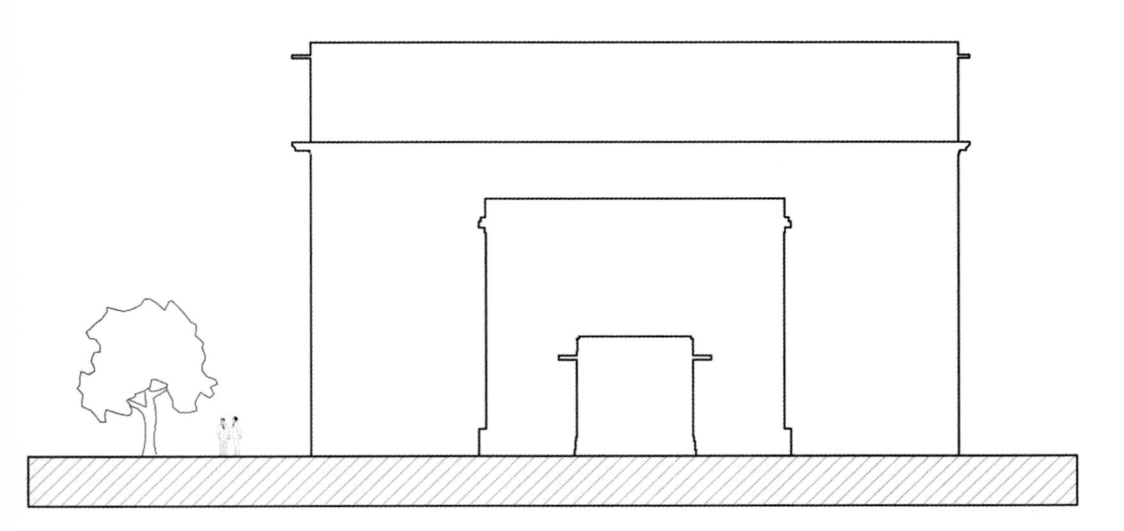

图6-14　体量关系

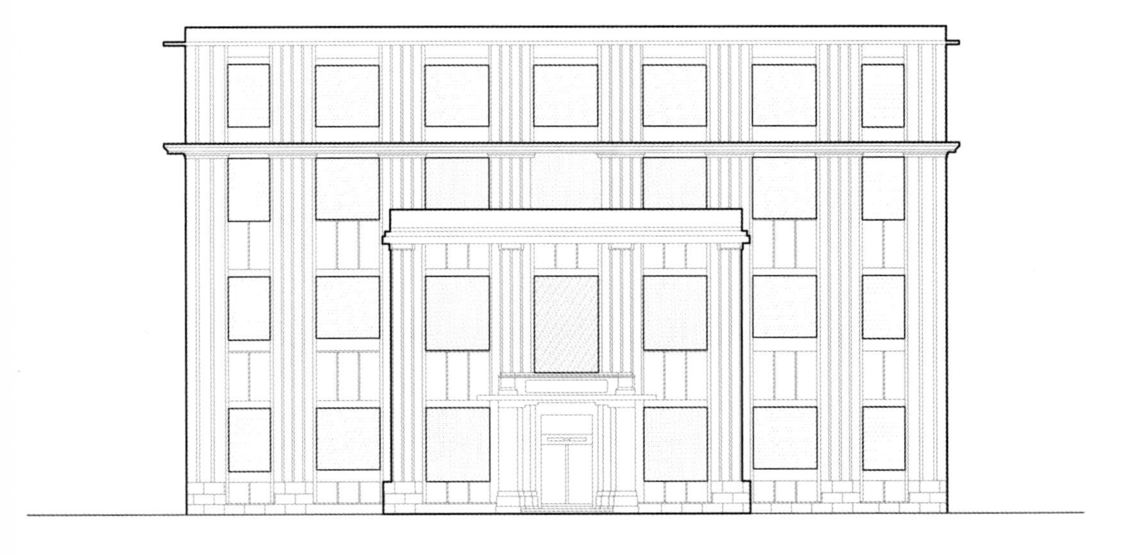

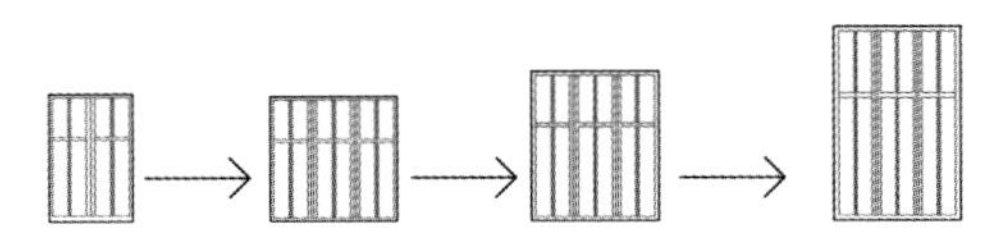

图6-15　重复与变化

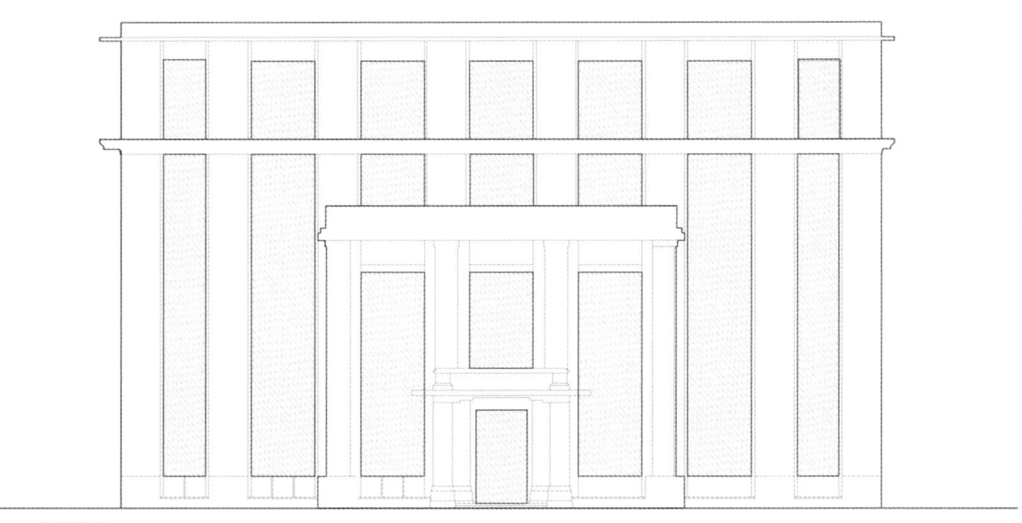

图6-16　立面凹凸

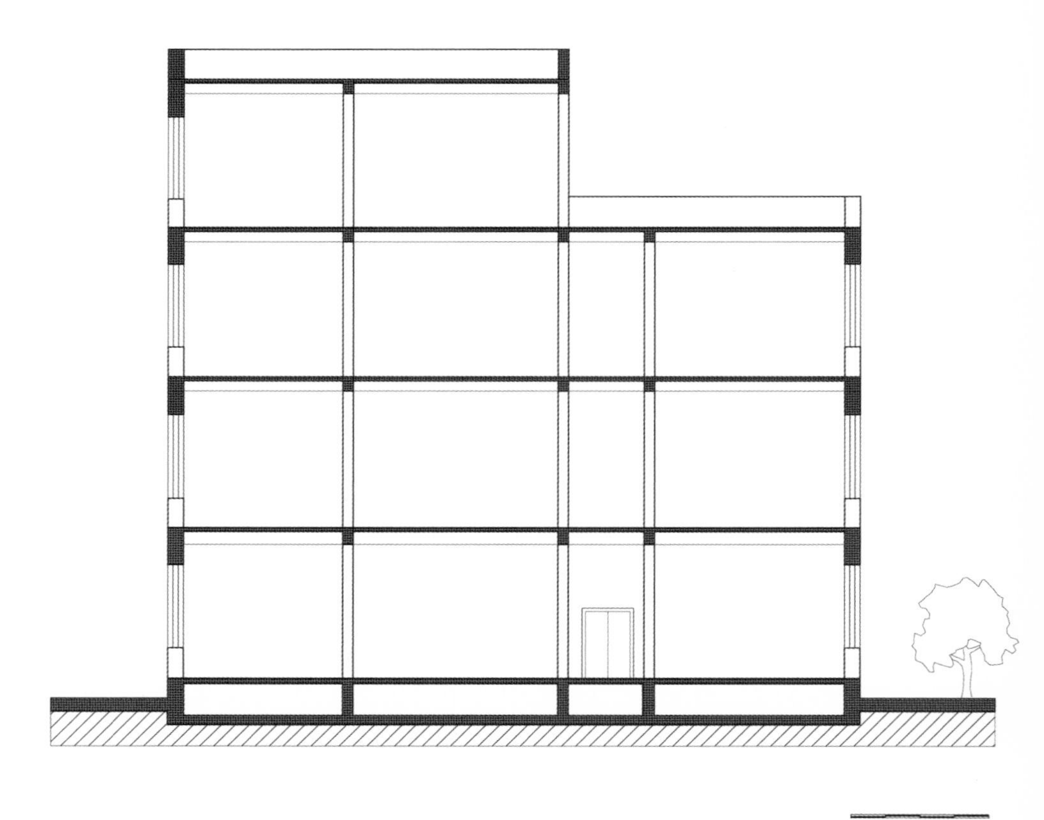

图6-17　1—1剖面图

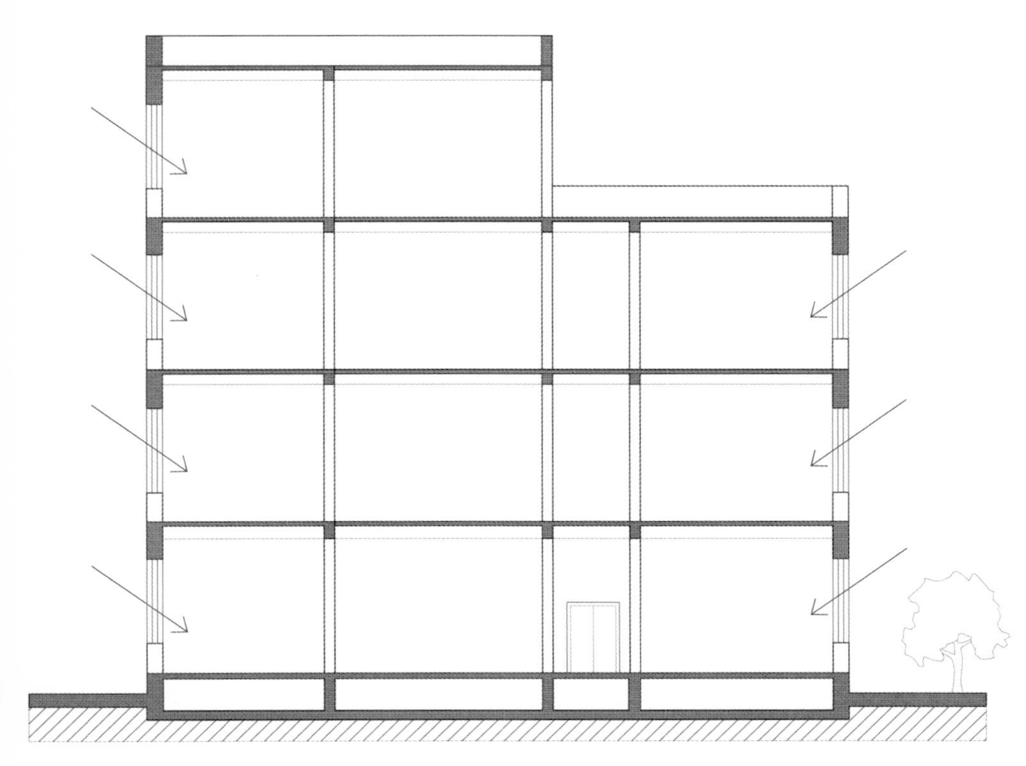

图6-18　采光分析

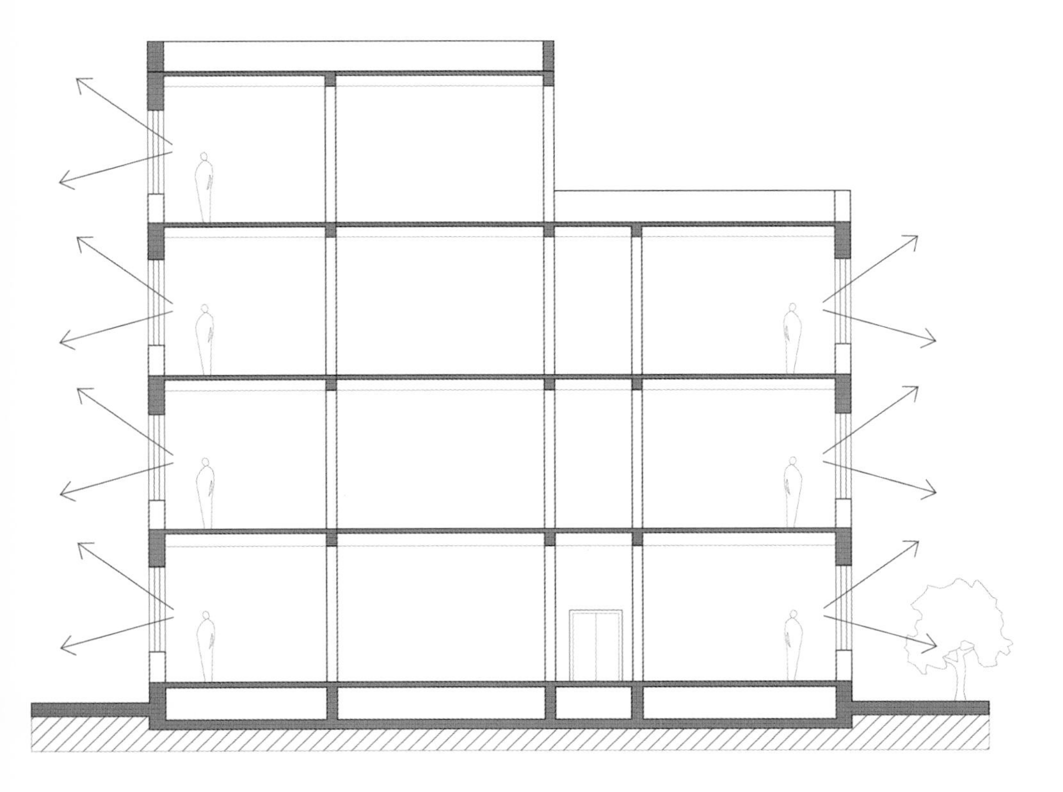

图6-19　视线分析

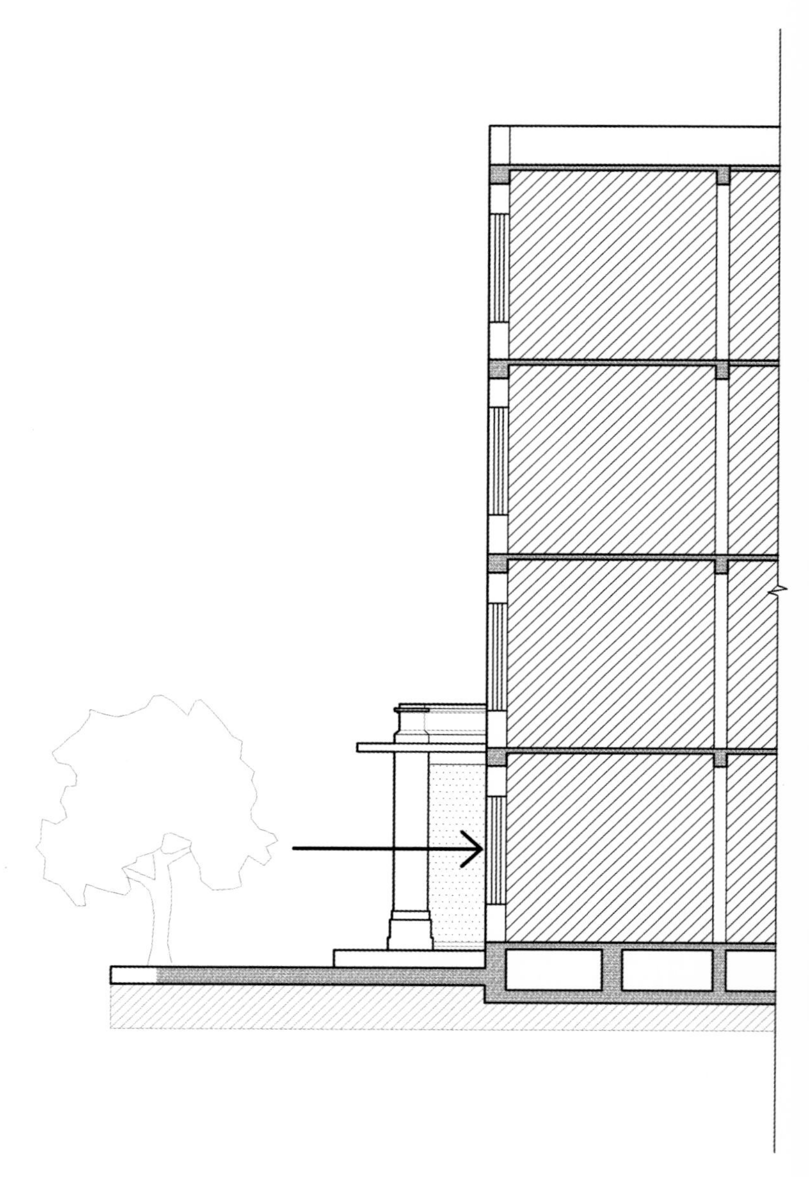

图6-20　灰空间

07
第七章

第七章 西商赛马俱乐部

西商赛马俱乐部，俗称“西商跑马场”，坐落在汉口解放大道西侧，位于永清街和解放公园路之间的街区内。西商跑马场建于1902年（1905年建成），由汉协盛营造厂承建，占地面积约53.4hm²，由跑马场、看台、俱乐部组成。俱乐部是跑马场的主要建筑，为二层砖木结构，平面布局灵活，立面形式丰富，屋顶错落有致，属于欧洲中世纪乡村贵族别墅式建筑风格。

第一节 历史沿革

西商赛马俱乐部历史沿革

时　间	事　件
1878年	英国人在英租界（今鄱阳街18号）建成汉口波罗馆，为二层砖木结构房屋，建筑面积为781m²，是第一个在汉外商俱乐部
1896年	跑马场，始称马道子，最早建于汉口英租界尾端，为英商擅自开辟。马道及球场划入俄租界后，又移至法租界的边缘（今复兴街、昌年里一带）
1902年	马道子被划入法租界扩界区。于是，英国帝国主义者又策谋占地，在汉口北郊（今解放公园一带），以贱价从中国商人“地皮大王”刘歆生手里，购买荒地800多亩，修建了一个既有马道子又有俱乐部功能的高级洋人娱乐场所，即西商跑马场

第二节 建筑概览

俱乐部、跑马场最初是欧洲的文化娱乐场所，汉口开埠后到20世纪初，汉口有“西商”、“华商”、“万国”三个跑马场。其中，西商跑马场创建时间最早，规模最大，建筑设施最完备。

汉口西商跑马场又叫“外侨高级俱乐部”。汉口的俱乐部，旧称“波罗馆”。1878年，英国人在英租界建立了第一个在汉外商俱乐部。随后，俄、法、德、日也先后在各自的租界内建起波罗馆。各俱乐部内设有图书室、手球场、弹子台球场和击剑场、马场等。随后又有高尔夫球场、网球场、足球场、游泳池以及转盘赌场等。

西商跑马场是“汉口西商赛马体育会”的通称。由英国人倡议，法、德、俄商人参与组成。民国初年美、日商人相继入伙成为会员，故又有“六国洋商跑马场”之称。

西商赛马俱乐部属于砖木结构。从它多姿多彩而且不对称的屋顶形式和简约的细部来看，它是一栋新古典主义时期建筑，为新艺术运动的实践品。由于年代久远，以及武汉话剧院对空间特殊的使用要求，有的房间被弃置了，有的房间被草率地利用，有的房间甚至还被租赁出去，成了办公室或民宅。

整个建筑平面呈“U”字形，朝南向开口。该建筑为局部三层的群体建筑，每层的层高均不相同。一层全为砖结构，以前（仍是赛马俱乐部的时候）作为马厩之用，层高只有2.2m左右。二、三层层高不定，视坡屋顶的变化而变。建筑的东翼有三层，底层堆放杂物，二、三层作话剧团的行政办公室和会客室，靠东边的一侧有部分出租给私人作公司和住宅。东翼的北部则是两层通高的大跨度房间，以前曾是游泳池，搭上木板后还能作舞厅，而现在则是话剧团的仓库，堆放音响器材和舞台布景。西翼局部有三层，但是三层部分已经空置，有的地方甚至破旧到能看到二楼的吊顶。一层的南部被改成住宅，话剧团的一些成员及其家属就住在这里；中间有一部分出租给一个驾驶学校；更大的部分则作为话剧团的布景制作间。沿室外楼梯上二层后的地方，分布了练功房、排练厅、小剧场，还有杂物仓库等房间，虽然使用率很高，但也是一片年久失修的狼藉，没有人知道这里曾是俱乐部的酒吧间。在过去，这里既可以开酒会，作为酒吧营业，又可以是宴会大厅，摆上赌桌，这里还能是个赌场。西翼还有全建筑最高的尖塔（15.06m），为木架结构，铺以鱼鳞状红砖。然而西翼的整个的三层都已弃置不用，留下的只有尘埃和踩上去嘎嘎作响的木地板。

建筑底部的素混凝土则表现出粗野的质感；其上的砖结构直接暴露在外，没有多余的粉饰；再往上，简洁的木构架和小尺度的红瓦显示了新艺术运动所追求的轻盈和灵活。

西商赛马俱乐部照片详见图7-1至图7-17。

图7-1　俯视图

图7-2　南立面实景图（1）

图7–3　南立面实景图（2）

图7–4　南立面实景图（3）

图7–5　东立面实景图（1）

图7–6　东立面实景图（2）

图7–7　东立面实景图（3）

图7–8　东立面实景图（4）

图7-9　西立面实景图

图7-10　室内空间（1）

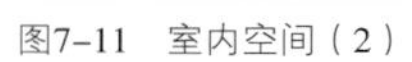

图7-11　室内空间（2）

图7-12　室内空间（3）

图7-13　室内空间（4）

图7-14　壁炉烟囱

图7-15　建筑细节

图7-16　屋顶（1）

图7-17　屋顶（2）

第三节　技术图则

依据建筑实测图纸，部分辅以三维建模，用技术图则方式解析西商赛马俱乐部建筑的环境布局、平面布置、功能流线和围护结构等规划建筑诸元素。西商赛马俱乐部技术图则详见图7–18至图7–29。

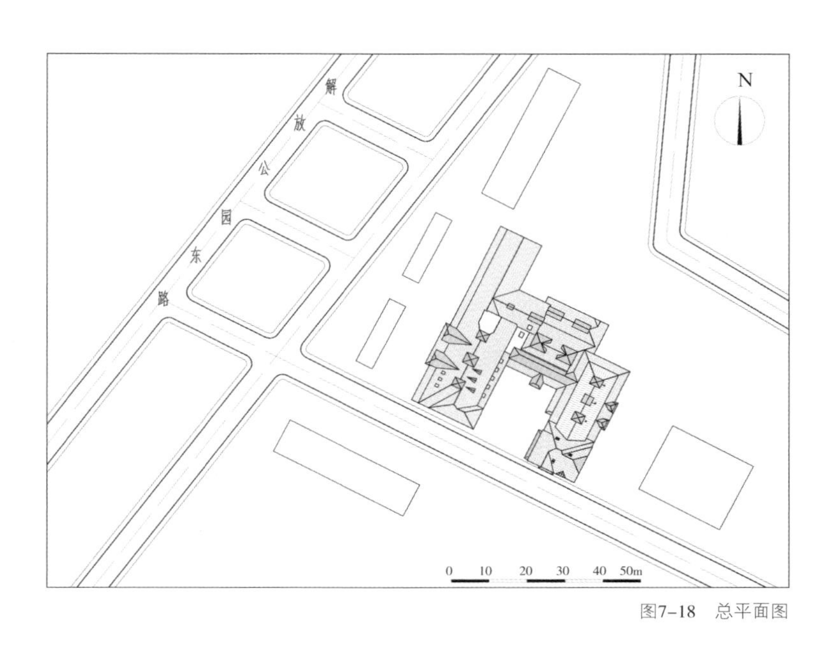

图7–18　总平面图

◆　图7–18：旧时的西商跑马场是由跑马场、看台和俱乐部组成的，如今得以保存的只有西商赛马俱乐部。

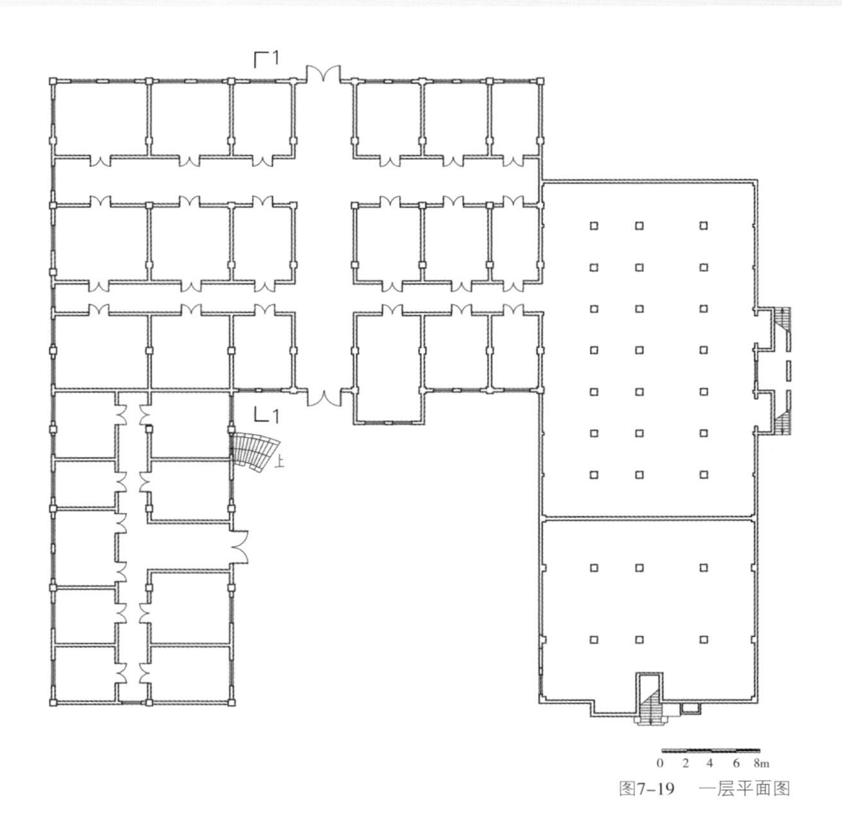

图7–19　一层平面图

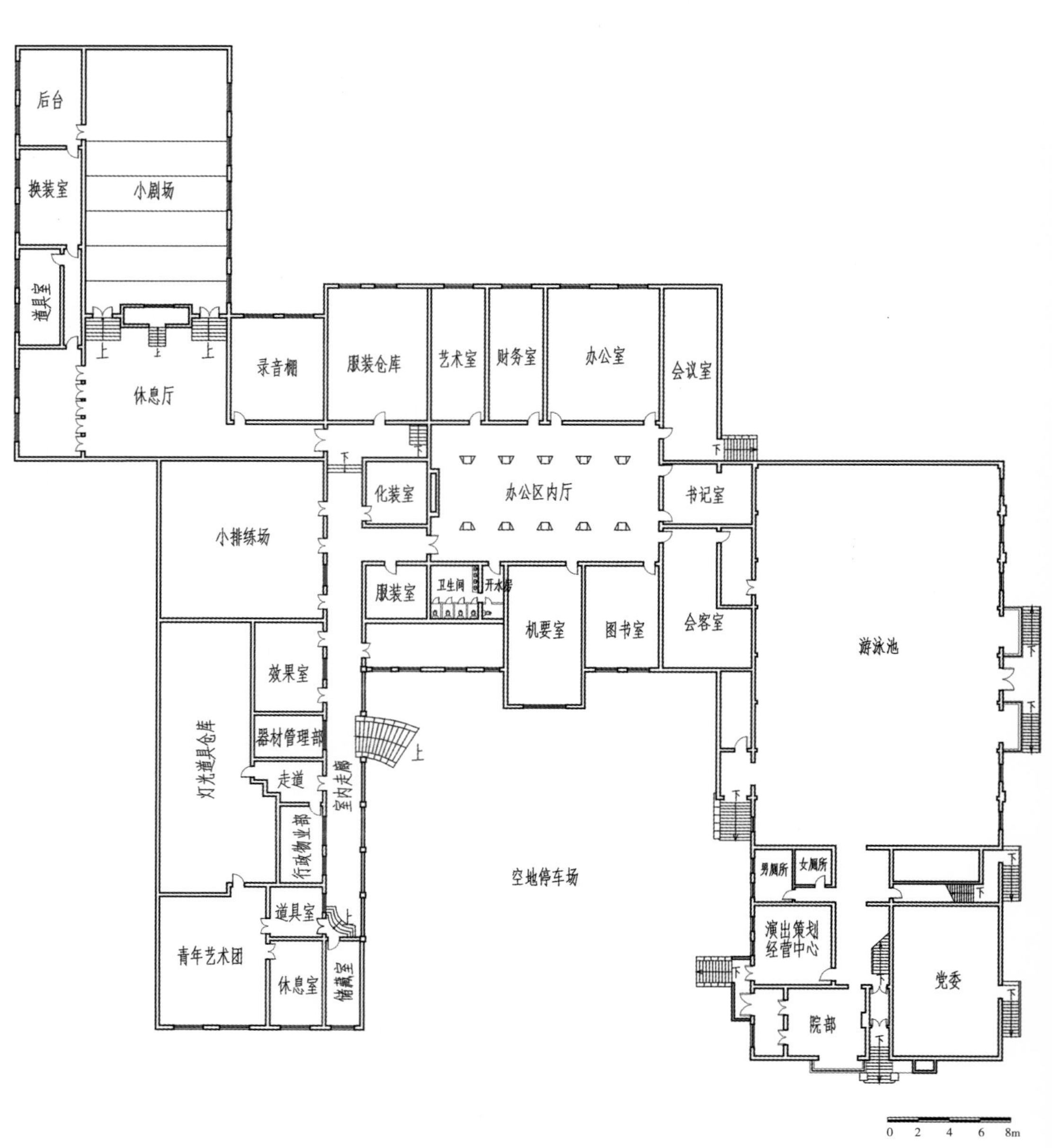
后台
换装室
小剧场
道具室
休息厅
录音棚
服装仓库
艺术室
财务室
办公室
会议室
办公区内厅
化装室
书记室
小排练场
服装室
卫生间
开水房
机要室
图书室
会客室
游泳池
效果室
器材管理部
灯光道具仓库
走道
室内走廊
行政物业部
空地停车场
男厕所
女厕所
道具室
青年艺术团
休息室
储藏室
演出策划经营中心
党委
院部
0 2 4 6 8m

图7-20　二层平面图

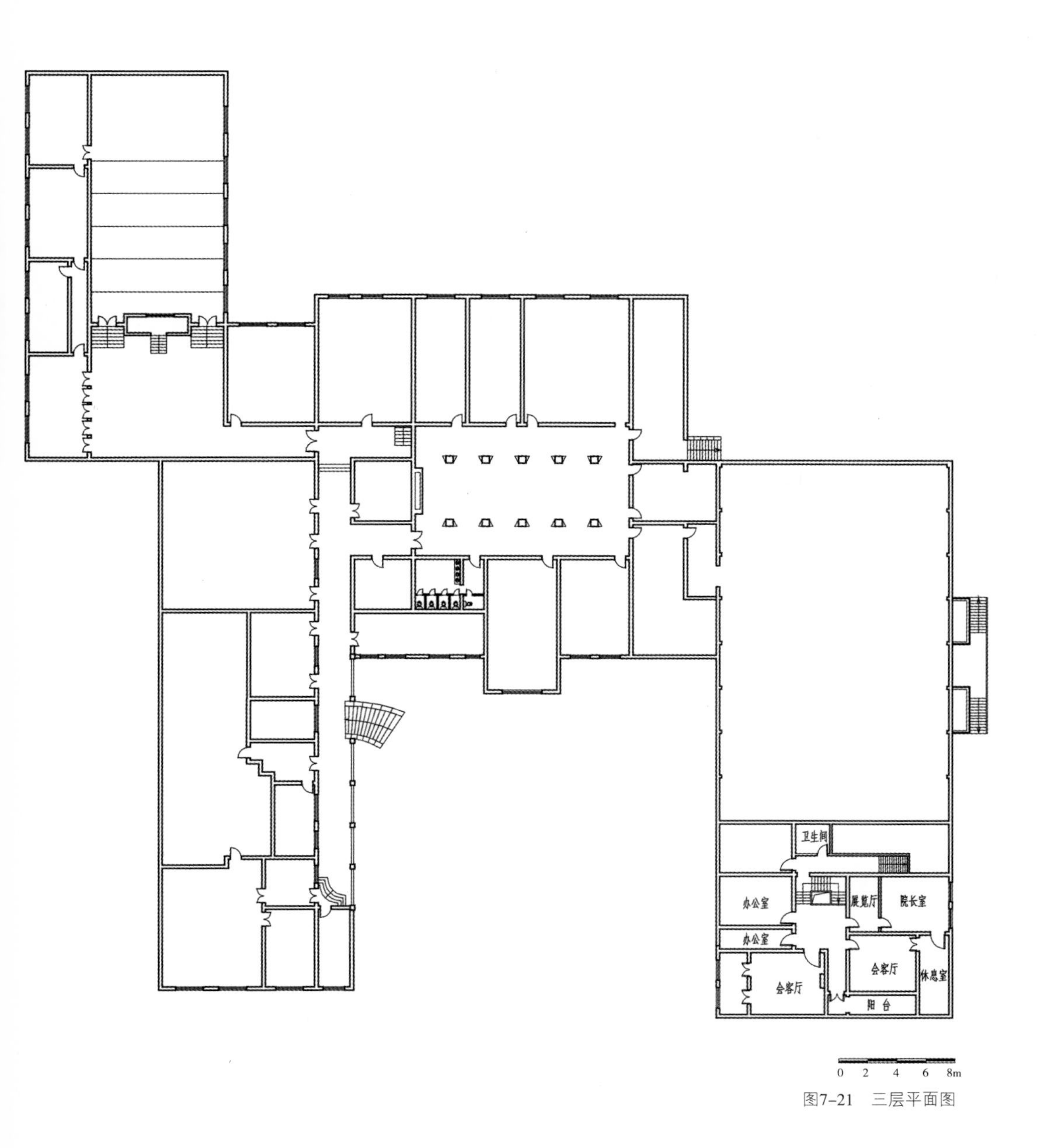

图7-21　三层平面图

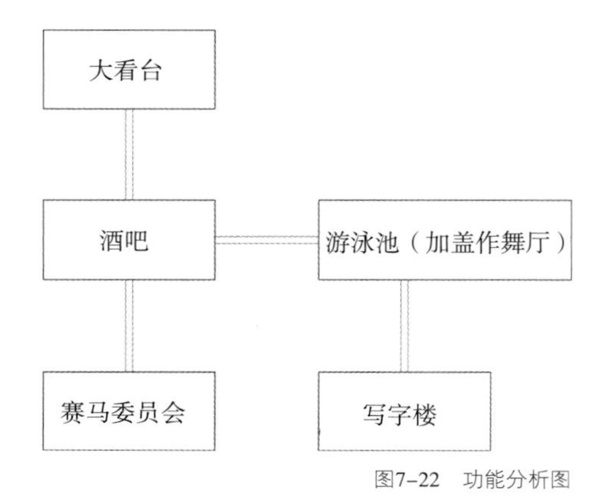

图7-22　功能分析图

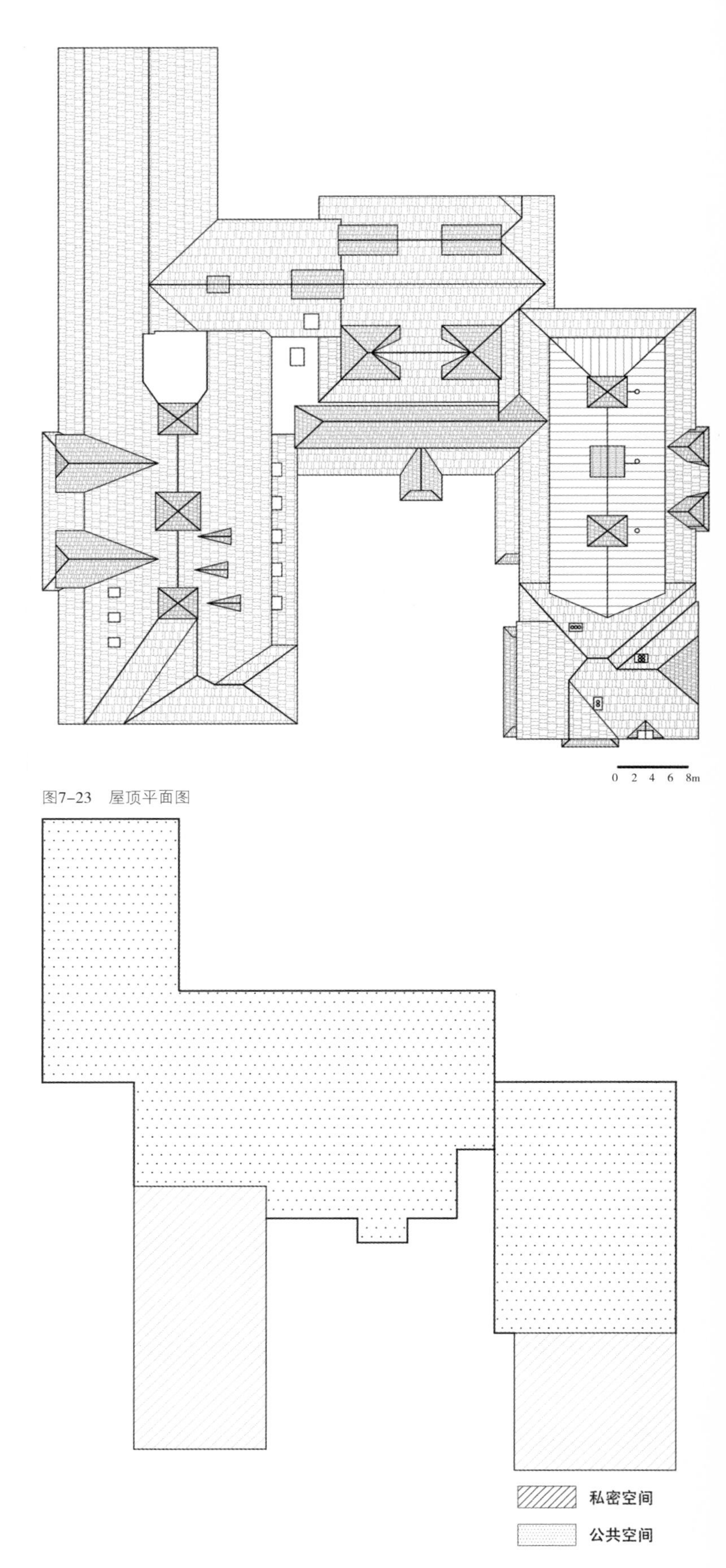

图7-23　屋顶平面图

图7-24　公共与私密

图7-25　东立面图

图7-26　南立面图

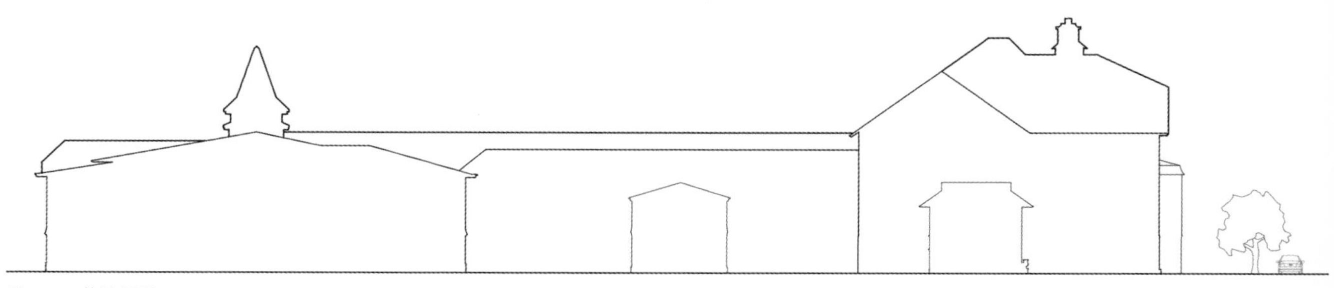

图7-27　体量关系

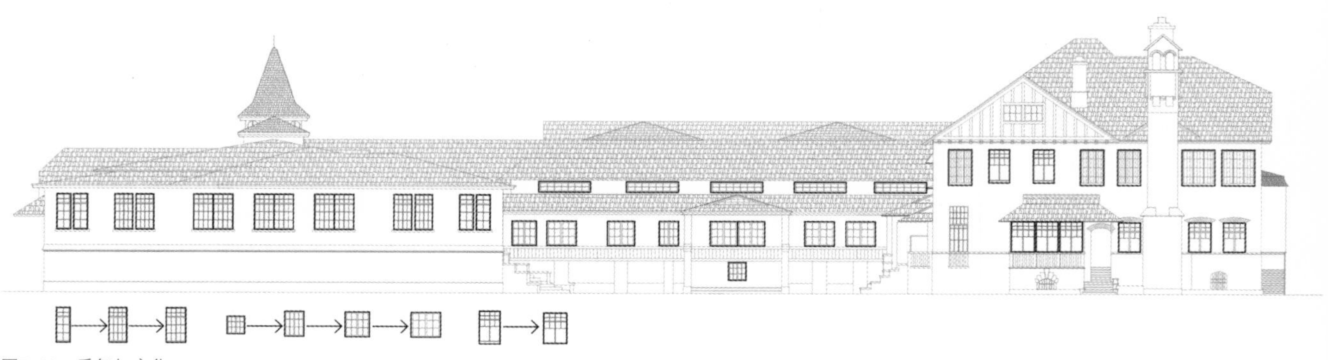

图7-28　重复与变化

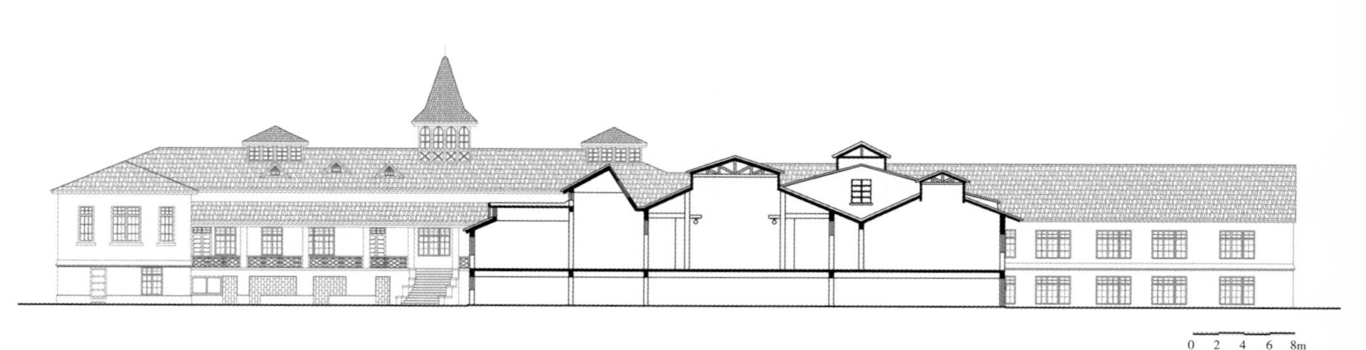

图7-29　1—1剖面图

08
第八章

第八章 仁济医院

仁济医院位于武昌区胭脂路花园山4号。1861年伦敦会传教士杨格非来汉，建造了武昌戈甲营礼拜堂，而后又办了义塾与诊所。1868年他把义塾、诊所迁到昙华林，并加以扩建，1883年将诊所更名为“仁济医院”。建筑共三层（顶层为阁楼），整体采用砖木结构。1895年建筑主体被大规模地扩建翻新，留下现在的建筑群。

第一节　历史沿革

仁济医院历史沿革

时　间	事　件
1861年	传教士杨格非在与昙华林临近的戈甲营建礼拜堂，随后开设诊所和义塾为教众和附近的居民服务
1868年	传教士将诊所和义塾迁至昙华林并加以扩建
1883年	正式更名为“仁济医院”
1878年	又在此创办了武昌仁济男医院和武昌仁济护校
1880年	武昌仁济女医院也在此创办
1895年	仁济医院主体建筑进行了一次大规模的扩建翻新，留下现在的建筑群
1931年	武汉水灾，在此设武昌赈灾指挥机构
1938年	武汉沦陷，日军占领医院为己用
1953年	由市卫生局接管，一部分与市工人医院合并，现为省中医学院附院
2005年	仁济医院进行全面装修，整旧如旧

第二节　建筑概览

该建筑平面呈凹形，中间是下沉式庭院，四周设两层回廊，底层回廊由连续的罗马券构成，上层由简化的多立克柱划分构成。内部均采用木构件，木楼梯设于正中门厅内。该建筑采用红瓦坡屋顶，并设有多处壁炉。

仁济医院是武汉租界时期，由英国天主教会——圣公会组织建设的，其目的是通过该机构传教。其本部在现在的江汉路附近。后来，汉口部分继续发展，并和另外两个美国教会合办成仁爱医院。由于机构扩大，便将院址搬至水厂路一带。武昌仁济医院相当于分院，新中国成立后并入市三医院。

仁济医院在当时经过一段时间的发展，成为具有一定水准的医疗机构，在抗战时期曾向战区输送过大量医疗人员。在武汉发大水时，也参与了汛期的医疗工作，为疫病防治做出了贡献。新中国成立后，医院划归国有，成了现在的协和医院。武昌分院成了现在的中医学院外文阅览室，前面的住院部成了住宅楼。

仁济医院武昌分院所处地段，当时叫花园山，有许多洋房，在其附近还有当时在武汉乃至全国都具有一定影响力的私立中华大学和教会兴办的医学院。由此可见，当时的花园山是一个文化水平相对较高的地段，其中散置了一些有一定特色的历史街区，现在有组织正在对此地进行评估，准备予以保护。

仁济医院现作为医药史上有特别意义的建筑保留。

仁济医院照片详见图8-1至图8-10。

图8-1　门诊部透视实景图（1）

图8-2　门诊部透视实景图（2）

图8-3　住院部透视实景图

图8-4　俯视实景图

图8-5　北立面实景图

图8-6　西立面实景图

图8-7　窗户（1）

图8-8　窗户（2）

图8-9　窗户（3）

图8-10　阳台

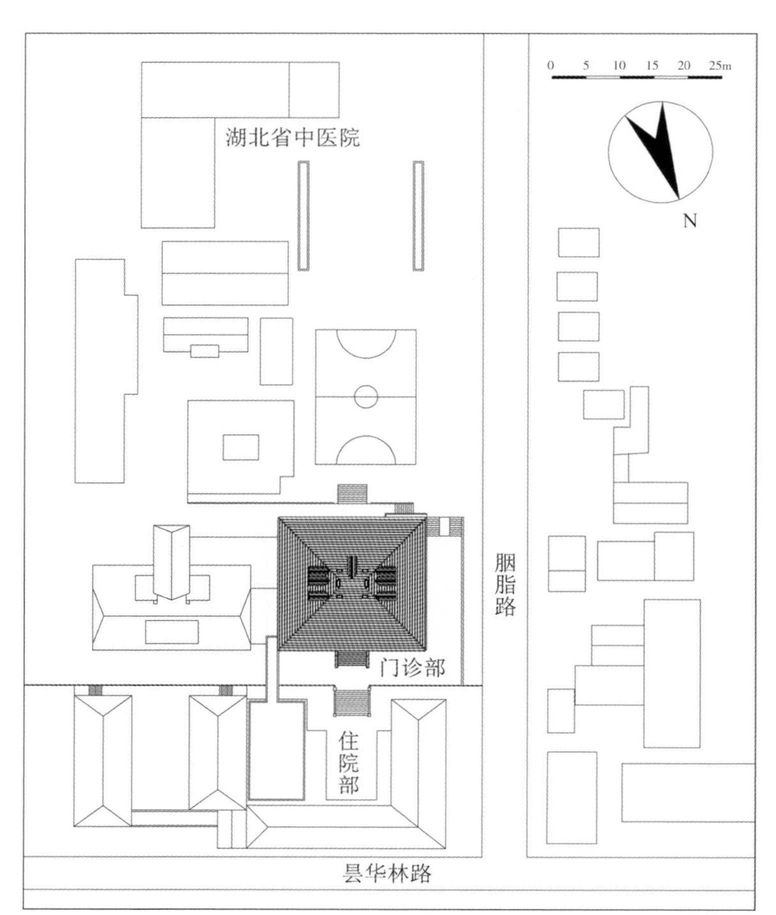

图8-11　总平面图

第三节　技术图则

依据建筑实测图纸，部分辅以三维建模，用技术图则的方式解析仁济医院建筑的环境布局、平面布置、功能流线、围护结构等规划建筑诸元素。仁济医院技术图则详见图8-11至图8-23。

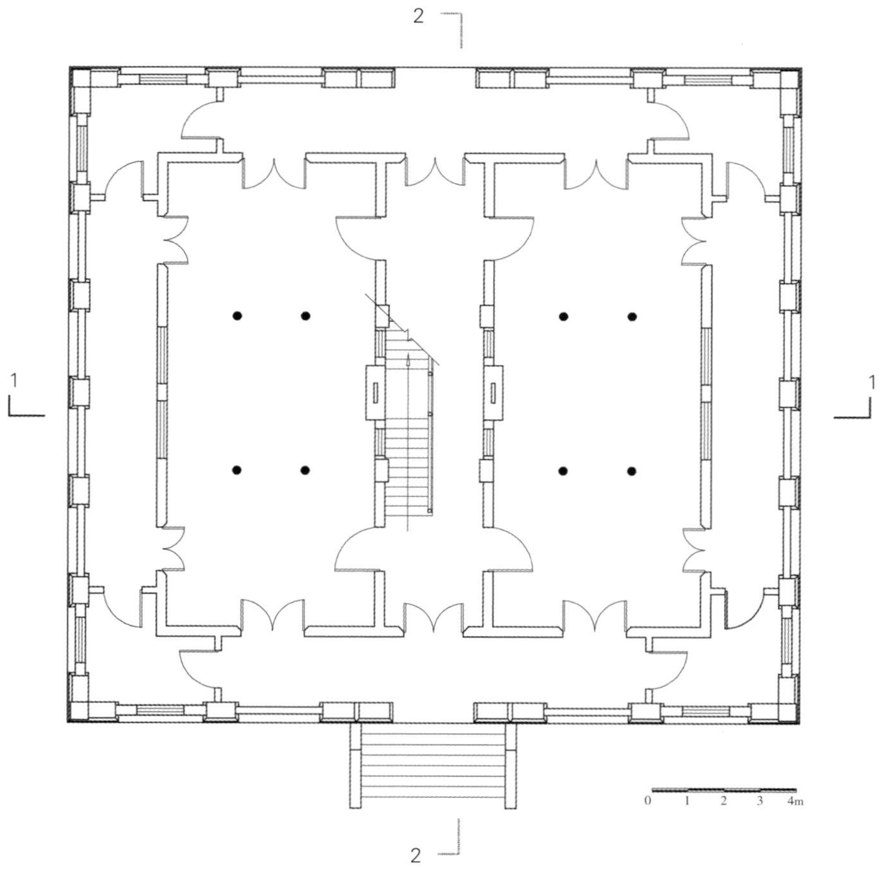

图8-12　一层平面图

◆　图8-12与图8-13：体现了建筑室内空间布局的灵活性。一层是开放性大空间，便于医院人流的聚散，二层是较为私密的办公空间，与一层大空间形成鲜明对比，体现了建筑中公共性与私密性的对比。

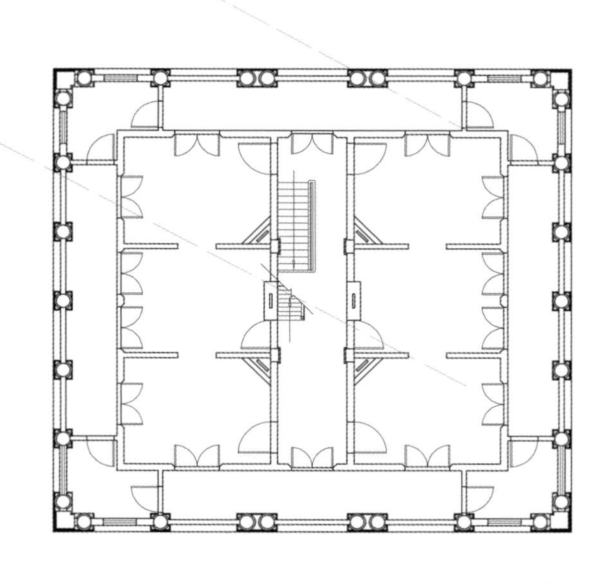

图8-13　二层平面图及顶层阁楼

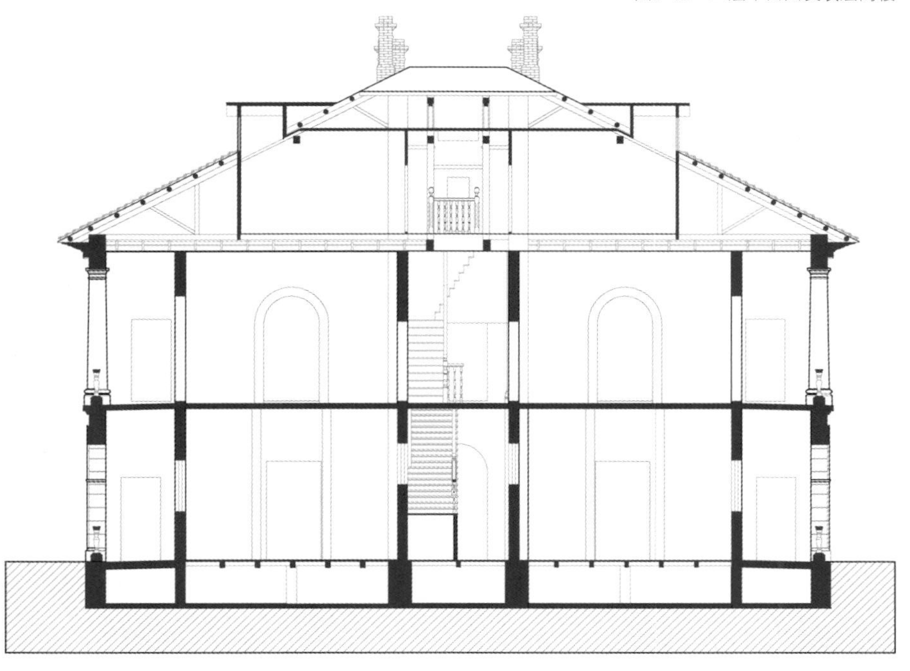

图8-14　1—1剖面图

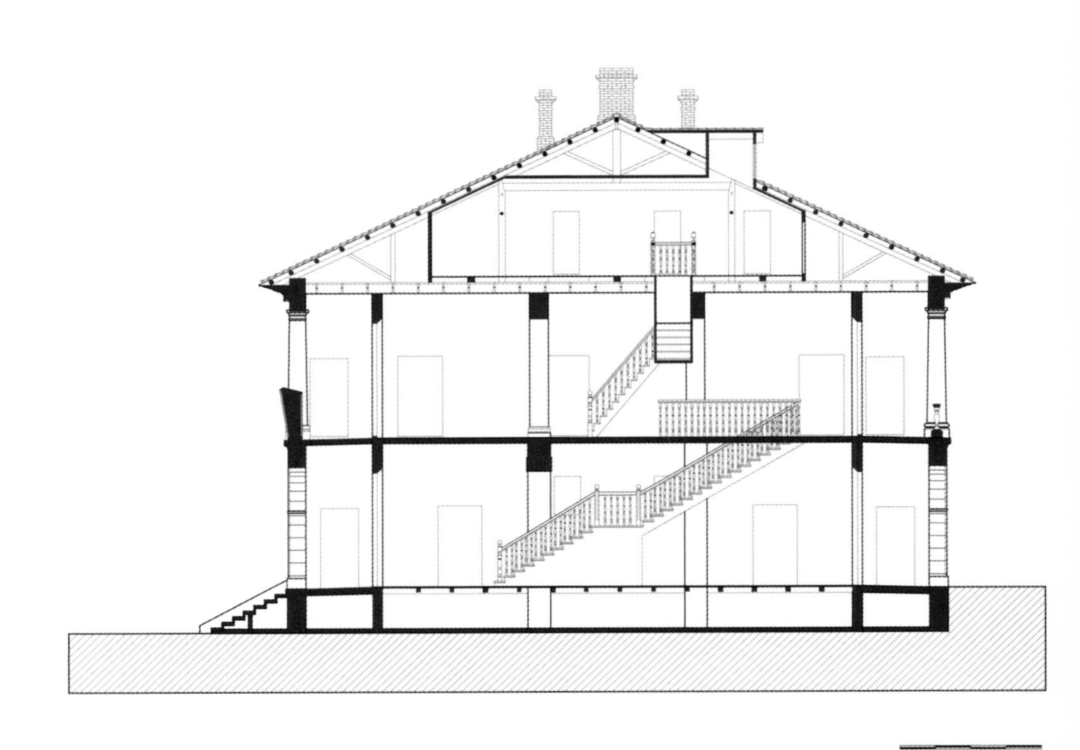

图8-15　2—2剖面图

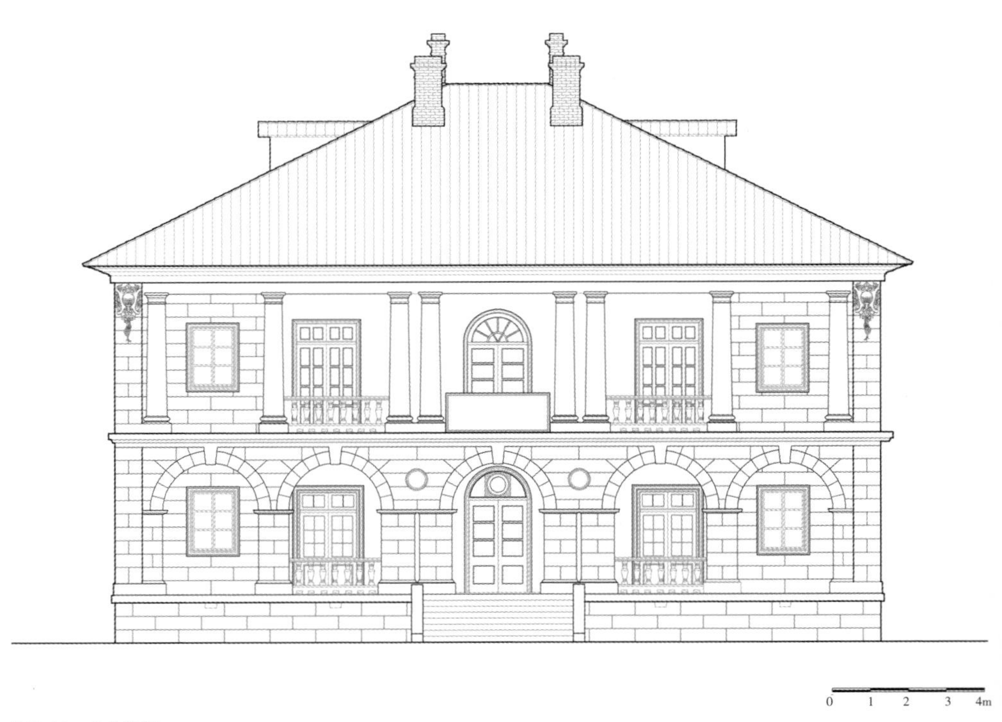

图8-16　北立面图

图8-17　南立面图

图8-18　西立面图

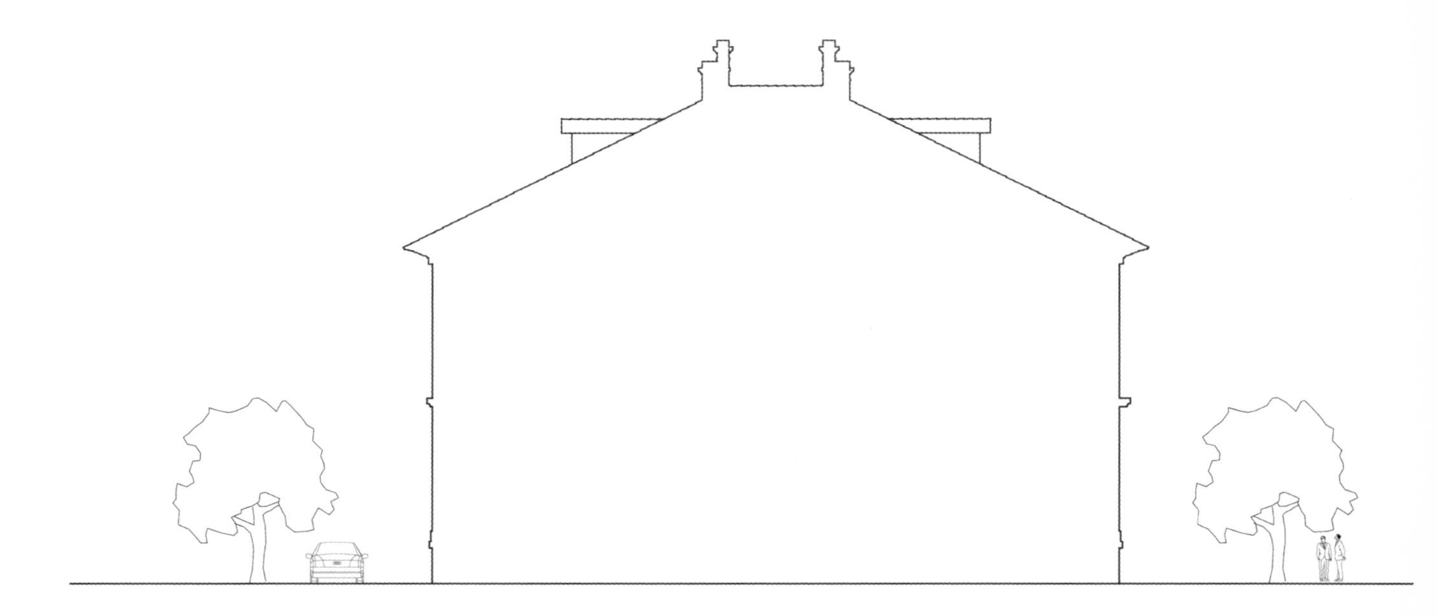

图8-19　体量关系

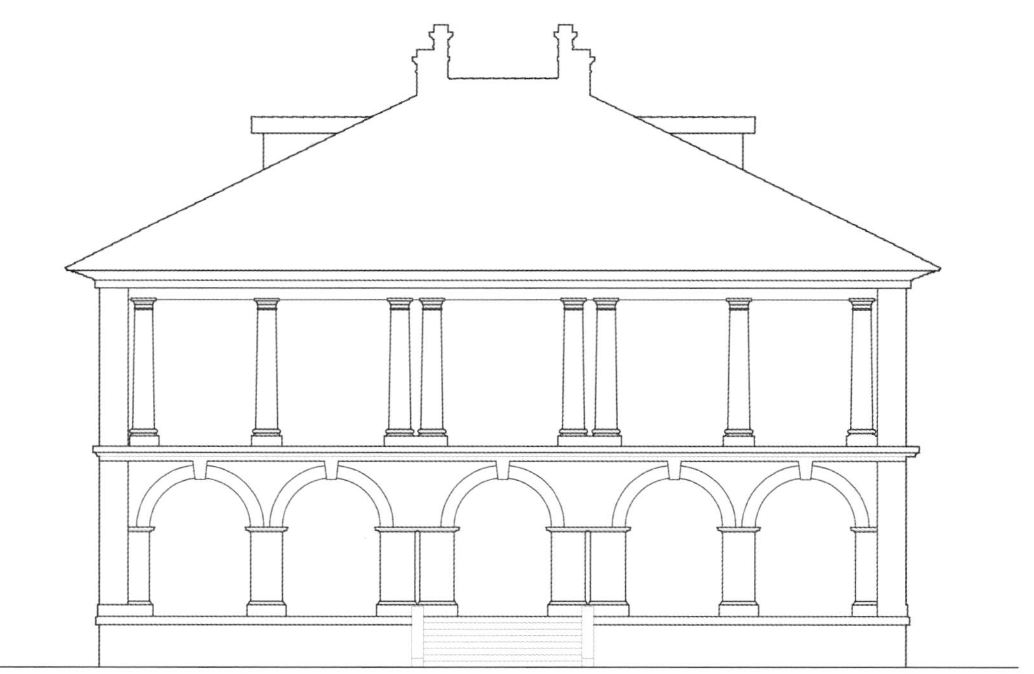

图8-20　立面韵律

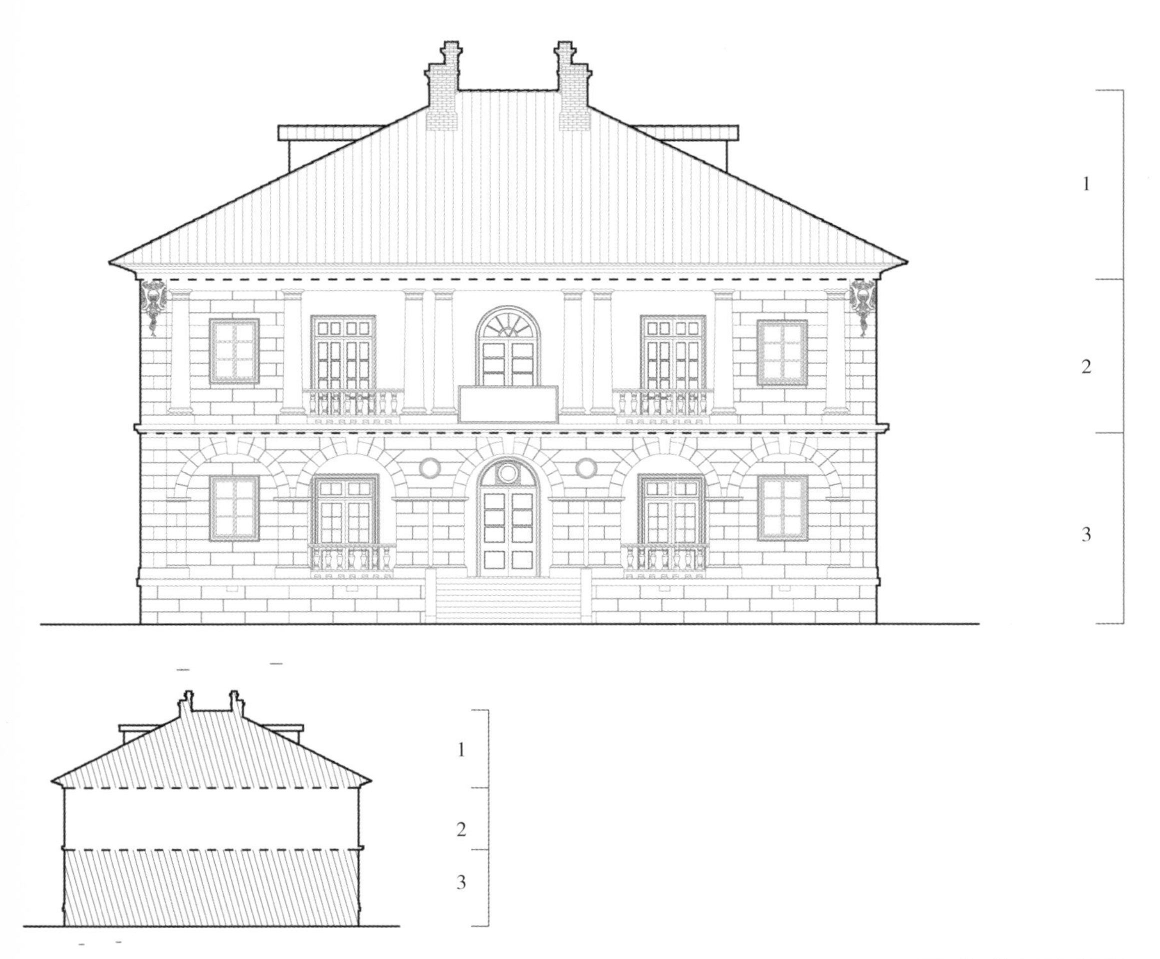

图8-21　纵向三段式构图

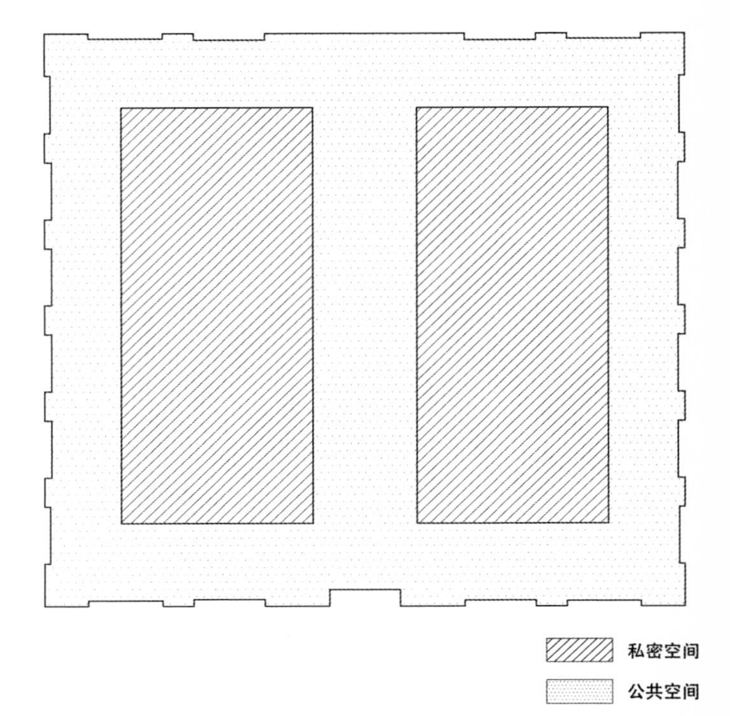

图8-22　公共与私密

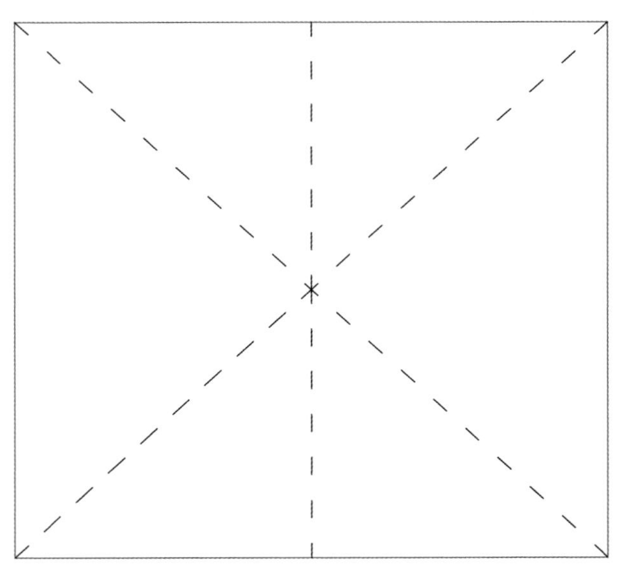

图8-23　几何关系

09
第九章

第九章 高氏医院

高氏医院旧址，位于武汉市江岸区黎黄陂路38号（原48号），建于1936年，为3层砖混结构。医院平面为矩形，一层为门诊部、药房、化验室、注射室和小手术室。立面形式较为自由，三层采用双壁柱平弧券外窗。建筑始为高氏三姐弟（高欣荣、高有焕和高有炳）开创的美俄研究院式诊所，1939年3月正式改名为高氏医院。高氏医院现用作私宅和艺术画廊，对建筑进行了较好的保护，2007年被公布为武汉市优秀历史建筑。

第一节　历史沿革

高氏医院历史沿革

时　间	事　件
1936年	高氏三姐弟创立美俄研究院式诊所
1939年	正式改名为高氏医院
1952年	高氏医院停业，高欣荣、高有炳转入市第二人民医院
2007年	被公布为武汉市优秀历史建筑

第二节　建筑概览

高氏医院是旧时武汉最有名的华人私人医院，由高氏三姐弟携手共创。

姓名	人物简介
高欣荣	1929年毕业于岭南大学夏葛医学院，1936—1939年留学美国，曾任武汉市二医院妇产科主任、副院长
高有焕	1939年毕业于同济大学医学院，1949—1956年留学美国，曾任湖北医学院内科教授、附属第一医院内科主任
高有炳	1939年毕业于同济大学医学院，1947—1948年留学美国，曾任武汉市二医院外科主任

医院高三层，一楼作门诊部、药房、化验室、注射室和小手术室。二楼的一侧为住院部，另一侧为高家住宅。医院内有手术台、无影灯、显微镜、病床等设备，还聘请了护士、助产士、厨师、勤杂工。高氏姐弟医术高明，医德甚佳，在武汉颇有名气。

高氏医院于1952年正式停业。高欣荣和高有炳（高有焕这时还在大洋彼岸与美国当局抗争要求回国）到武汉市第二人民医院主持妇产科和外科，将高氏医院的全部设备、药品都无偿地献给了国家。高家的第三代也陆续出生成长，黎黄陂路48号作为三代同堂的

“家”，铭刻于他们的脑海之中。

高氏医院沿街立面不对称布局，有凸凹变化，入口的一侧呈弧形，使形体具有起伏感。一层、二层有贯通的壁柱，三层为白色双壁柱券窗。外墙采用蓝色面砖饰面，坡屋面。建筑整体具有较强的亲和力，符合私人医院诊疗与居住的双重功能的特点。高氏医院从文化性和艺术性上都体现出重要的历史价值，对这一时期租界区建筑风格的研究有重要的参考价值。

高氏医院照片详见图9-1至图9-10。

图9-1　建筑透视实景图（1）

图9-2　建筑透视实景图（2）

图9-3　南立面实景图

图9-4　建筑入口细部

图9-5　西立面实景图

图9-6　阳台细部（1）

图9-7　阳台细部（2）

图9-8　窗户细部（1）

图9-9　窗户细部（2）

图9-10　建筑腰线细部

第三节　技术图则

依据建筑实测图纸，部分辅以三维建模，用技术图则方式解析高氏医院建筑的环境布局、平面布置、功能流线、围护结构、采光及通风等规划建筑诸元素。高氏医院技术图则详见图9-11至图9-23。

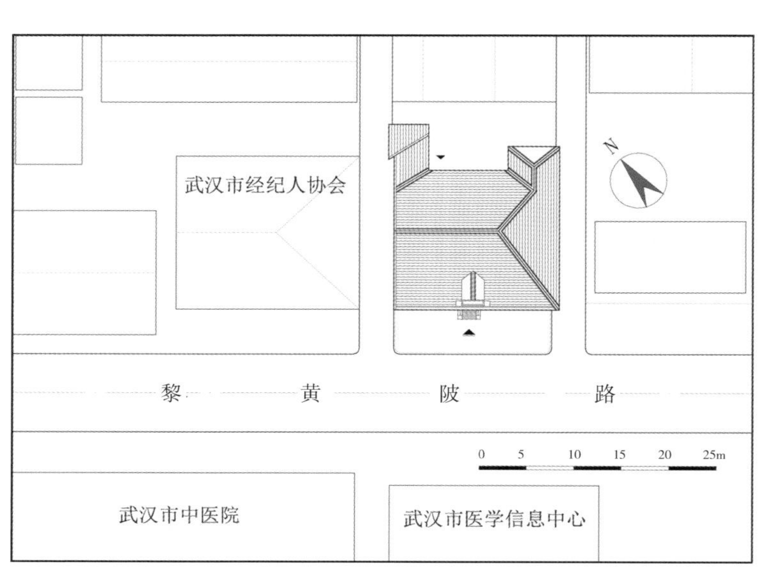

图9-11　总平面图

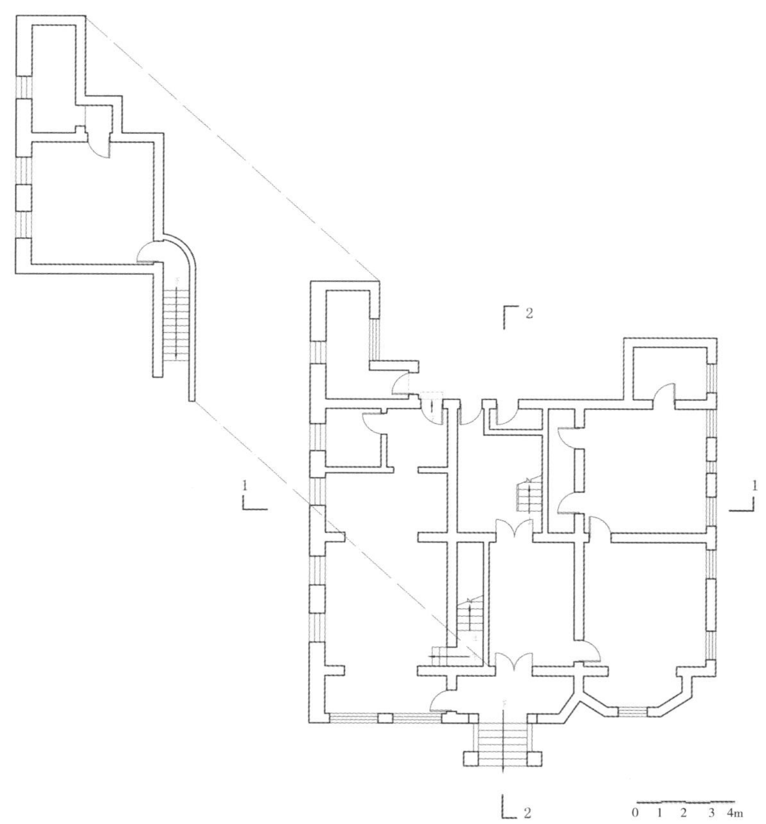

图9-12　一层平面图

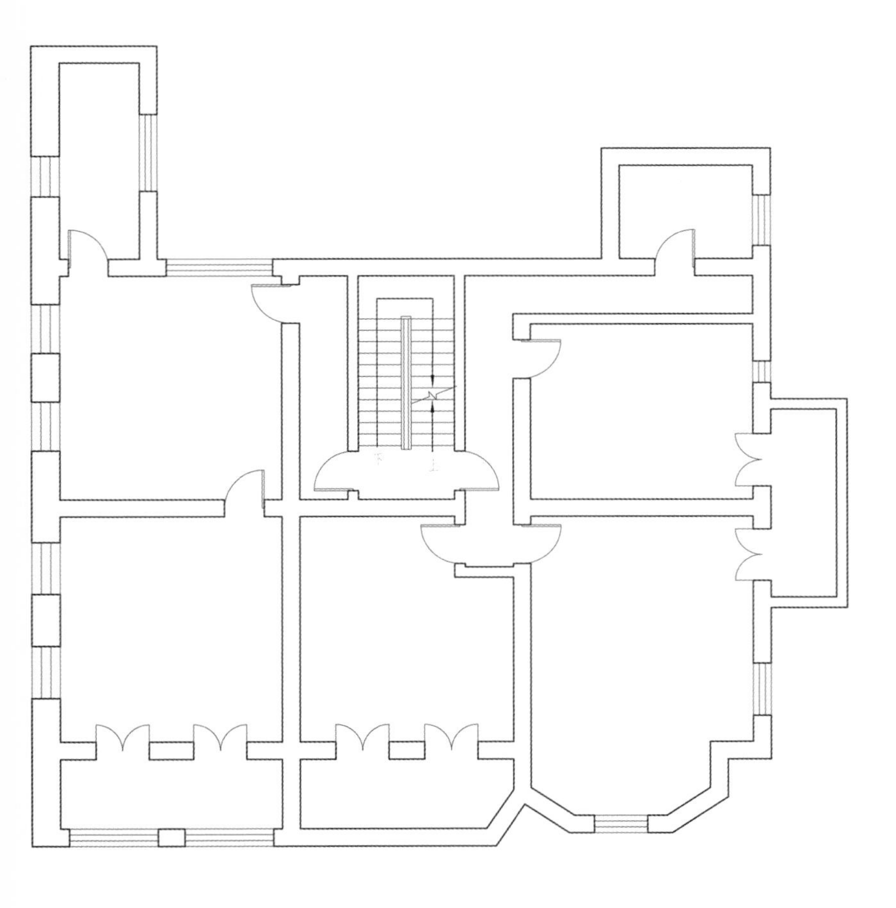

图9-13　二层平面图

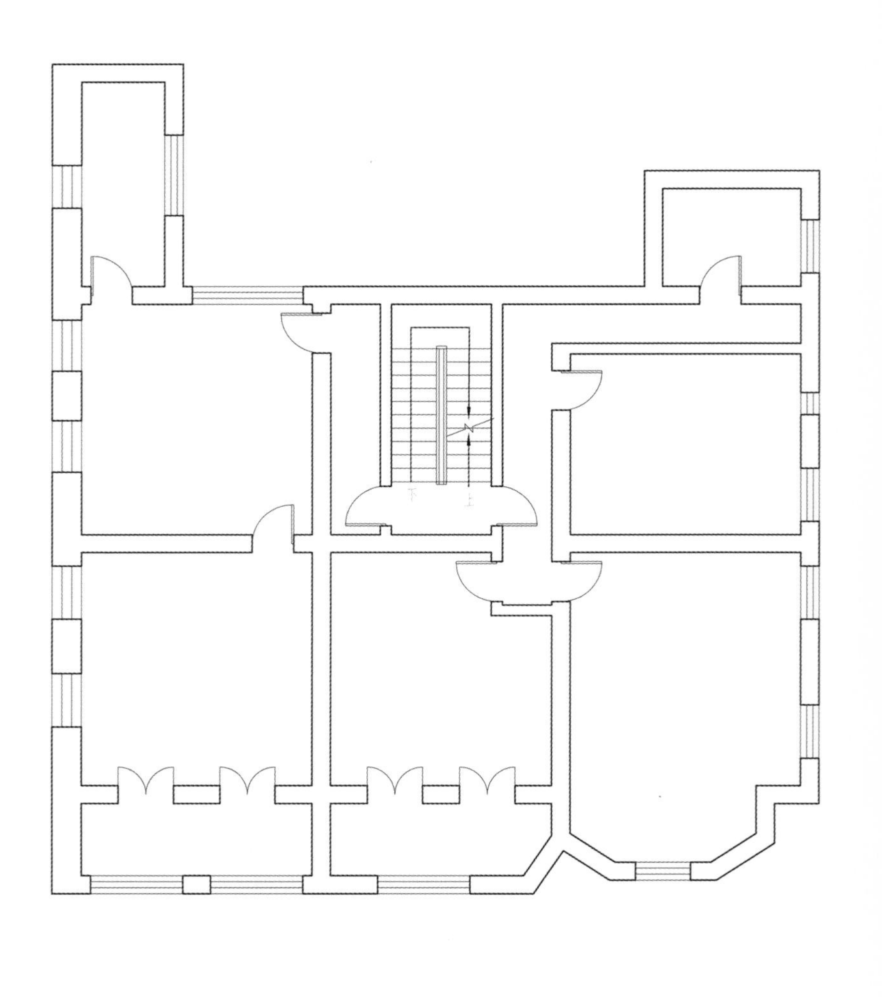

图9-14　三层平面图

图9-15　北立面图

0 1 2 3 4m

图9-16　东立面图

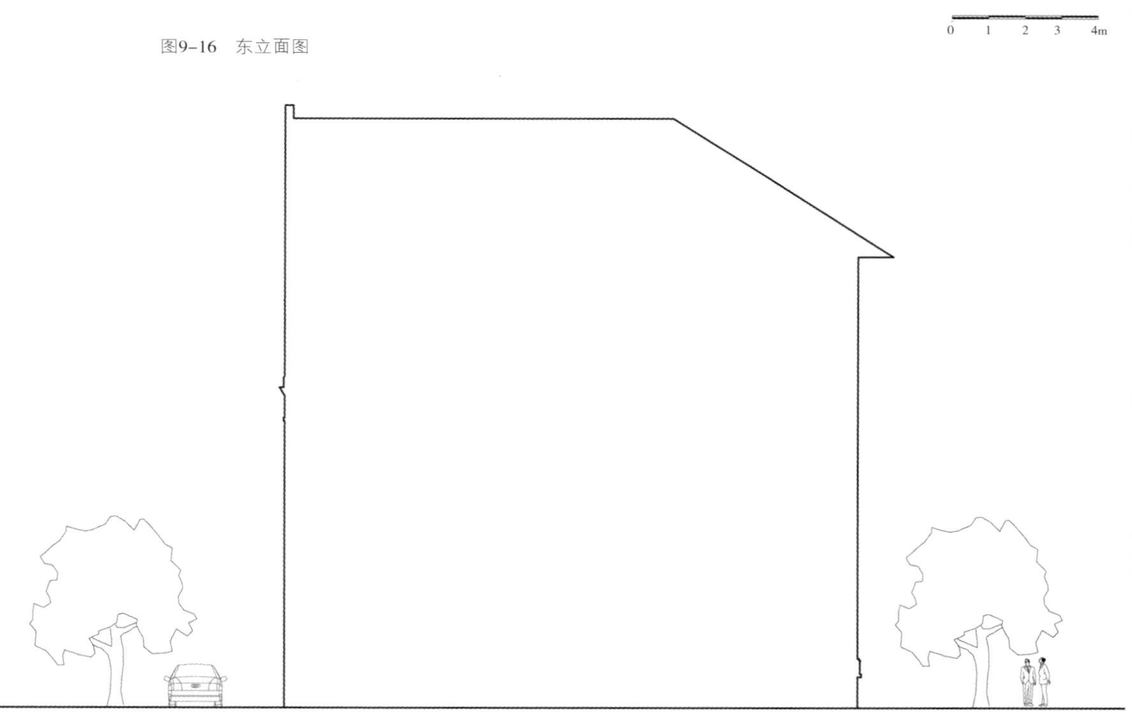

图9-17　体量关系

图9-18　重复与变化

◆　图9-18：创造韵律，营造变化，是近代建筑设计的一大特征，同时也对现今设计手法颇有借鉴和启发意义。

图9-19 1—1剖面图

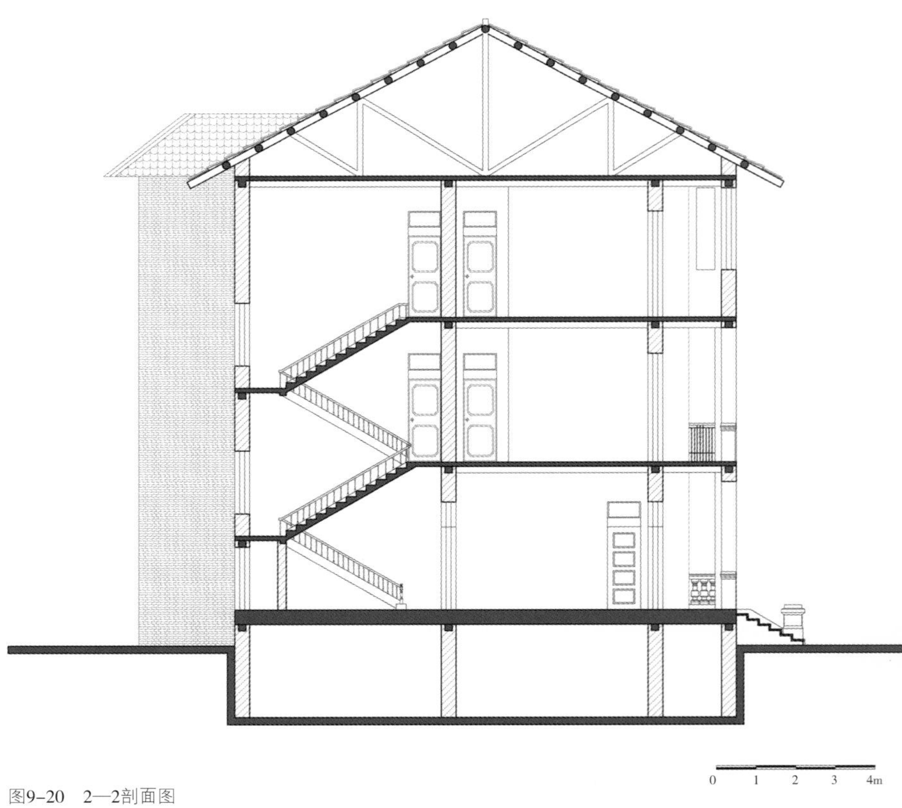

图9-20 2—2剖面图

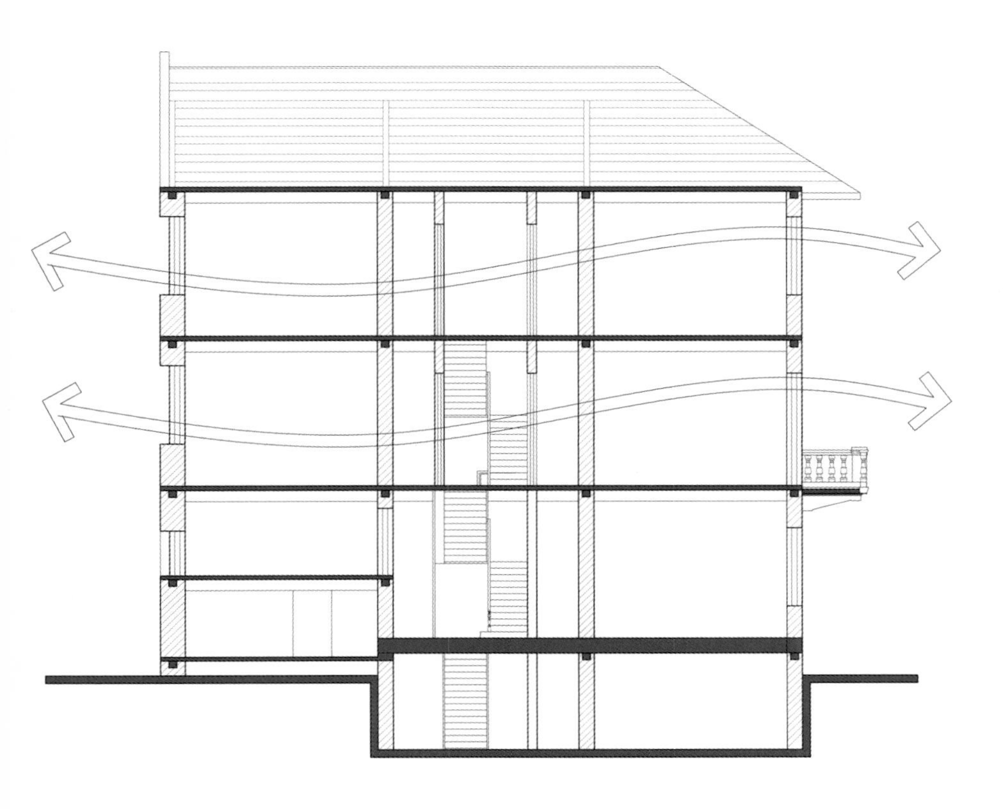

图9-21　通风分析

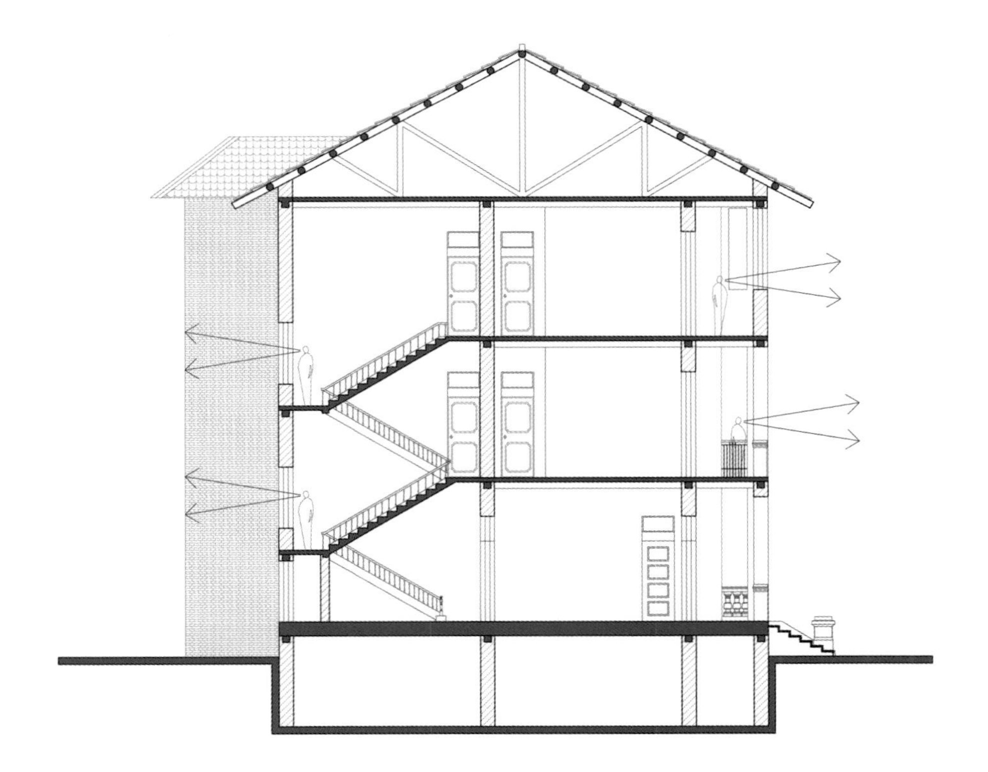

图9-22　视线分析

◆ 图9-23：对自然通风、采光以及视线的优先考虑，无疑是近代建筑的突出特性，尽量源于自然，和谐于环境，而这恰好是地域性与生态性的内在诉求。

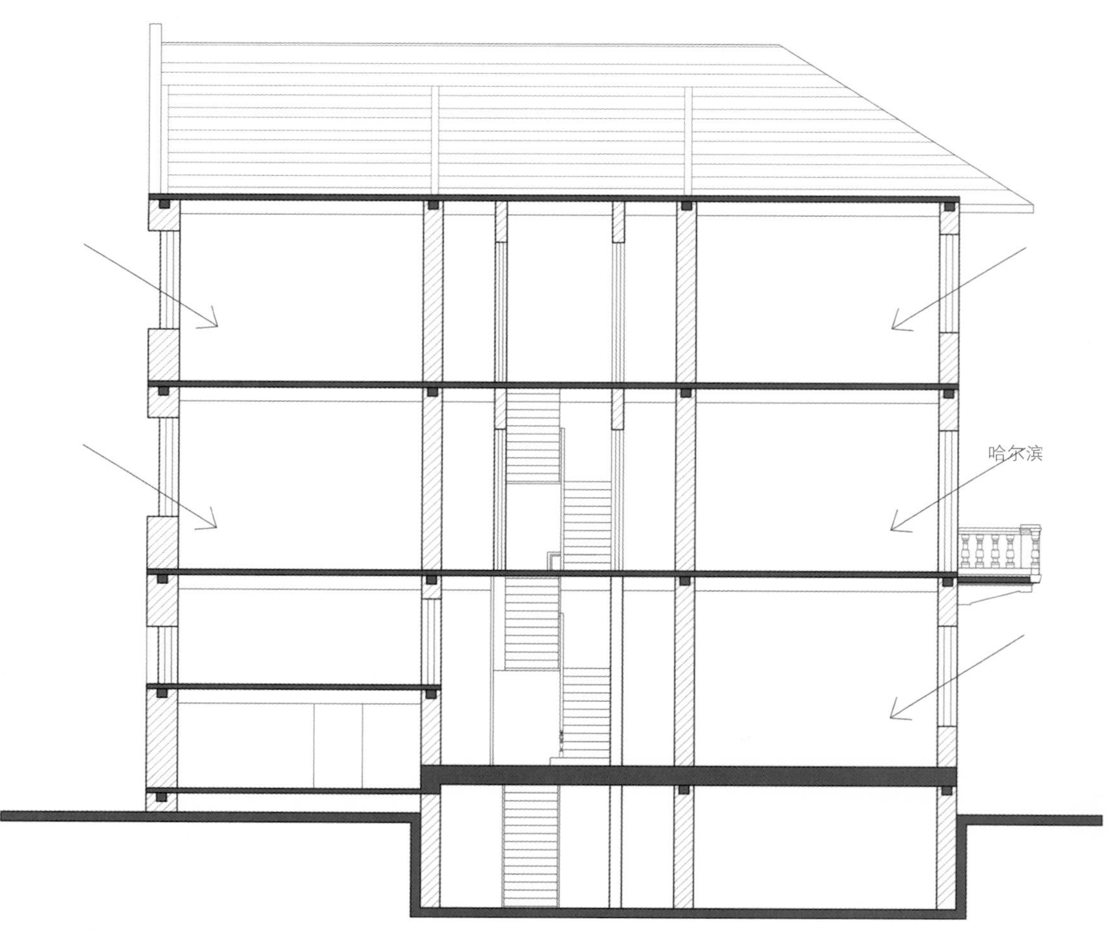

图9-23 采光分析

附录　武汉近代公寓·娱乐·医疗建筑年表

图例	名称	地点	说明	年份
	巴公房子	江岸区鄱阳街86号	1901年巴公房子始建，1910年巴公房子建成，其总建筑面积近5000m²，房间共计220间套。整个公寓用红转砌成，为砖木结构，廊檐、露台、曲栏、拱券和立柱各显精致，属于近代古典复兴式建筑	1910
	珞珈山街高级住宅	江岸区珞珈山街1-46号	珞珈山街高级住宅是由英国怡和洋行大班杜百里主持修建的，由德国石格斯建筑事务所设计，英国民居式样，杂有一点德国民居元素，当年属于高级住宅区，主要供英商怡和洋行的高级职员携家眷租赁居住	1919
	怡和洋行住宅	江岸区胜利街187-191号	怡和洋行住宅属于当时高级职员住宿的公寓，属西式居住建筑，砖混结构，外墙由假麻石墙、清水墙和拉毛墙三种组成，房顶错落有致，造型独特，形成了特色街景。现为武汉中共中央机关旧址纪念馆的一部分	1919

图例	名称	地点	说明	年份
	泰安纱厂职工住宅	硚口区水厂二路47-49号（已拆除）	1924年，日本江州财团所属的日本棉花株式会社，在汉口硚口宗关，建立了泰安纺织株式会社，即泰安纱厂。1927年，武汉国民政府建立以后，日方人员转移，泰安纱厂宣布停办	1924
	汉口新市场	江汉区中山大道704附1号附近	汉口新市场即如今的新民众乐园。汉口新市场于1919年由时任湖北督军的王占元与人合资修建，占地12187m^2，是一座集购物、休闲、娱乐于一体的娱乐场所	1919
	华商赛马公会	江岸区汇通路18号	1908年，由于当时华商在西商赛马场受到不公平待遇，刘歆生等人组织建设华商赛马公会。1919年建成，由汉合顺营造厂施工。它为矩形平面，3层砖混结构建筑，立面对称构图，正中间的主入口凸出，以方柱支撑二层挑出的阳台，形成主入口顶上的门斗	1919

图例	名称	地点	说明	年份
	西商赛马俱乐部	江岸区解放大道1809号	1905年，以怡和洋行为主的英国商人，在这里买下800多亩土地建立了汉口西商跑马场。汉协盛营造厂承建，占地面积约53.4hm^2。由跑马场、看台、俱乐部组成	1905
	仁济医院	武昌区胭脂路花园山4号	仁济医院于1866年开业，本部设在江汉路后花楼街，武昌仁济医院为其分部，修建于1895年	1895
	高氏医院	江岸区黎黄陂路38号	1936年，高氏三姐弟创立美俄研究院式诊所。1939年，正式改名为高氏医院。1952年，高氏医院停业，高欣荣、高有炳转入市第二人民医院	1936

参考文献

1. 武汉地方志编纂委员会. 武汉市志–社会志 [M]. 武汉：武汉大学出版社，1997.
2. 李百浩. 湖北建筑集粹：湖北近代建筑[M]. 北京：中国建筑工业出版社，2005.
3. 王振复. 建筑美学笔记[M]. 天津：百花文艺出版社，2005.
4. 彭一刚. 建筑空间组合论[M]. 北京：中国建筑工业出版社，1998.
5. 曾坚，蔡良娃. 建筑美学[M]. 北京：中国建筑工业出版社，2010.
6. 薛飞，方旭艳. 中西方在新古典主义建筑上的比较[J]. 建筑与文化，2016（8）：82–83.
7. 郝虹琳. 我国医院建筑的演进历程与发展动态研究[D]. 广州大学，2009.
8. 方方. 汉口第一租界——英租界（下）[J]. 武汉文史资料，2009（3）：42–54.